科研管理制度智能推演方法
——基于因果推断法的建模分析

林白 王海平 郭磊 王泽文 李戎 张佩琪 著

电子工业出版社
Publishing House of Electronics Industry
北京·BEIJING

内容简介

本书梳理了统计分析、结构方程模型、多准则决策分析、数据包络分析等目前常用的科研管理制度建模分析方法，并阐明了因果推断法用于科研管理制度建模分析的独特优势；介绍了因果推断的基本概念、主要方法，以及应用因果推断法进行科研管理制度建模分析的关键点和主要流程；描述了因果变量抽取、因果关系识别、因果效应评估、反事实推断和基于决策树的对比分析等相关模型；介绍了基于因果推断法的科研管理制度建模分析系统架构，包括系统功能组成、技术架构、逻辑架构、数据架构、部署架构及内外部接口关系等。在此基础上，给出了因果关系构建分系统、因果关系识别分系统、因果效应评估分系统、反事实推断分系统、对比分析分系统的功能实现逻辑、输入输出、异常处理方法、界面设计等。最后，以某工业装备制造论证研究管理制度为例，更加详细地介绍了因果关系构建、因果关系识别等的具体操作过程，验证了利用因果推断法开展科研管理制度建模分析的有效性。全书理论体系完整，模型方法和系统设计的可操作性强。

本书可供从事科研管理制度、因果推断法理论研究和实践应用的专业技术人员参考，也可作为高等院校相关专业本科高年级学生及研究生的参考书。

未经许可，不得以任何方式复制或抄袭本书之部分或全部内容。
版权所有，侵权必究。

图书在版编目（CIP）数据

科研管理制度智能推演方法：基于因果推断法的建模分析 / 林白著. -- 北京：电子工业出版社，2025.6. -- ISBN 978-7-121-50544-7
Ⅰ. G311
中国国家版本馆CIP数据核字第20255E241Q号

责任编辑：张正梅
印　　刷：中煤（北京）印务有限公司
装　　订：中煤（北京）印务有限公司
出版发行：电子工业出版社
　　　　　北京市海淀区万寿路173信箱　邮编：100036
开　　本：720×1 000　1/16　印张：12.75　字数：327千字
版　　次：2025年6月第1版
印　　次：2025年6月第1次印刷
定　　价：98.00元

凡所购买电子工业出版社图书有缺损问题，请向购买书店调换。若书店售缺，请与本社发行部联系，联系及邮购电话：（010）88254888，88258888。
质量投诉请发邮件至zlts@phei.com.cn，盗版侵权举报请发邮件至dbqq@phei.com.cn。
本书咨询联系方式：zhangzm@phei.com.cn。

前　言

随着人类社会的不断进步，科学研究的规模越来越大、参与要素越来越多、关系越来越复杂，科研管理已成为一项复杂的系统工程。科研管理制度数量繁多且体系复杂，从项目的申报、立项、实施、验收流程，到科研经费的分配与使用规范，再到研究成果的评估与转化机制等，科研管理贯穿科研活动的各个环节。科研管理制度涉及人员、资源、外部环境等众多因素，且各因素之间相互交织、相互影响，难以进行定量化评价。在科研管理制度制定及修订过程中，如果对这些因素考虑不全，对因素之间的关系理解不清，会影响制度设计的合理性和可行性。因此，有必要对科研管理制度进行推演分析，提高科研管理制度的针对性和有效性，充分发挥科研管理制度对规范科研活动、保障科研质量等的关键作用。

传统科研管理制度推演分析方法是运用统计学原理，对科研管理相关数据进行收集、整理、分析和推断。这类统计分析方法能够简洁明了地呈现科研管理数据的基本特征，帮助管理者快速了解数据的整体情况，为后续分析提供基础。但是，许多统计分析方法对数据的分布、独立性等有严格假设，若实际数据不满足这些假设，分析结果可能不准确；分析结果只能反映变量之间是否存在相关关系，不能判定变量之间的因果关系；异常数据点可能会对统计分析结果产生较大影响。总之，传统统计分析法难以实现对具有高度复杂性和非线性关系的现代科研管理制度进行全面推演仿真。

本书创新性地将因果推断法引入到科研管理制度的推演分析之中，主要介绍了利用因果推断法对科研管理制度进行智能推演的方法、模型和原型系统，并通过典型案例验证了该方法的可行性。全书分为6章。

第1章概要介绍了科研管理制度建模分析方法，论述了科研管理的内容，论述了科研管理制度建模分析的必要性，梳理了目前常用的科研管理制度建模分析方法，归纳了因果推断法用于科研管理制度建模分析的独特优势。

第 2 章介绍了基于因果推断法的科研管理制度建模分析概貌，叙述了因果推断的基本概念及主要方法，描绘了因果推断法的应用场景，分析了应用因果推断法进行科研管理制度建模分析的关键点和主要流程。

第 3 章描述了基于因果推断法的科研管理制度建模分析模型，构建了其模型架构，介绍了因果变量抽取、因果关系识别、因果效应评估、反事实推断和基于决策树的对比分析等相关模型。

第 4 章论述了基于因果推断法的科研管理制度建模分析系统架构，介绍了系统功能组成，提出了技术架构、逻辑架构、数据架构、部署架构，描述了业务流程、其功能数据流、内外部接口关系等。

第 5 章概述了基于因果推断法的科研管理制度建模分析系统功能实现，具体介绍了因果关系构建分系统、因果关系识别分系统、因果效应评估分系统、反事实推断分系统、对比分析分系统的功能实现逻辑、输入输出、异常处理方法、界面设计等相关内容。

第 6 章分析了基于因果推断法的科研管理制度建模分析案例，利用典型案例介绍了因果关系构建、因果关系识别等的具体操作过程，验证了利用因果推断法开展科研管理制度建模分析的有效性。

本书作者长期从事科研管理制度的论证编写工作，积累了大量实际经验，对科研管理制度推演分析有比较深刻的理解。作者结合多年的实际工作经验，提出了基于因果推断的科研管理制度智能推演方法，可为读者特别是科研管理制度论证编写人员提供理论指导和方法手段。

本书由林白策划和构思，并编写了第 1、2 章，王海平编写了第 3、6 章，郭磊编写了第 4、5 章，王泽文、李戎、张佩琪参与了本书的部分编写及绘图工作。全书由林白统稿。

杨涛、童成彬对本书内容提出了许多宝贵的意见建议，电子工业出版社张正梅等编辑审校了全书。借此之机，向他们表示诚挚的谢意。

科研管理制度建模推演涉及领域众多，跨越多个学科，正处于起步发展过程中，相关理论和方法缺乏权威的定义，书中难免会有一些值得进一步研究和探讨的问题，不妥之处，恳请读者不吝指正。

作　者

2025 年 4 月 25 日

目 录

第1章 绪论 ·· 1

  1.1 科研管理制度概况 ··· 1

    1.1.1 规划计划管理 ··· 2

    1.1.2 项目管理 ·· 3

    1.1.3 经费管理 ·· 4

    1.1.4 成果管理 ·· 5

    1.1.5 奖惩管理 ·· 7

  1.2 科研管理制度建模分析的必要性 ····························· 8

  1.3 目前常用的科研管理制度建模分析方法 ················· 9

    1.3.1 传统统计分析方法 ··· 9

    1.3.2 结构方程模型方法 ··· 10

    1.3.3 多准则决策分析方法 ····································· 10

    1.3.4 数据包络分析方法 ··· 11

    1.3.5 系统动力学方法 ·· 12

    1.3.6 基于 Agent 的建模方法 ································· 12

    1.3.7 博弈论分析方法 ·· 13

  1.4 因果推断法用于科研管理制度建模分析的独特优势 ········ 15

第2章 基于因果推断法的科研管理制度建模分析概貌 ········ 17

  2.1 因果推断的基本概念及主要方法 ·························· 17

  2.2 因果推断法的应用场景 ··· 18

  2.3 科研管理制度建模分析的关键点 ·························· 20

  2.4 科研管理制度建模分析的详细流程 ······················ 22

  2.4.1 知识图谱的构建 ··· 25
  2.4.2 因果关系草图绘制 ··· 29
  2.4.3 因果变量数据采集 ··· 32
  2.4.4 因果关系识别 ··· 32
  2.4.5 因果关系评估 ··· 33
  2.4.6 反事实推断 ·· 34
  2.4.7 建模分析结果展示 ··· 35

第 3 章 基于因果推断法的科研管理制度建模分析模型 ········ 39

3.1 模型架构 ··· 39
  3.1.1 架构组成 ··· 39
  3.1.2 主要模型介绍 ··· 40
  3.1.3 外部信息交换关系 ··· 41
  3.1.4 内部信息交换关系 ··· 43

3.2 因果变量抽取模型 ·· 44
  3.2.1 基于深度学习的因果变量抽取框架 ······························ 44
  3.2.2 基于 BERT+BiLSTM+CRF 的因果变量抽取模型 ·············· 47

3.3 因果关系识别模型 ·· 51
  3.3.1 因果关系识别流程 ··· 51
  3.3.2 相关性分析 ·· 51
  3.3.3 基于算法模型的因果草图绘制 ···································· 55
  3.3.4 结构因果模型 ··· 56
  3.3.5 基于图论准则的因果关系识别模型 ······························ 57
  3.3.6 基于 Do 演算的因果关系识别模型 ······························· 64

3.4 因果效应评估模型 ·· 70
  3.4.1 因果效应评估流程 ··· 70
  3.4.2 潜在结果框架 ··· 72
  3.4.3 基于后门准则的因果效应评估模型 ······························ 73
  3.4.4 基于工具变量的因果效应评估模型 ······························ 78

3.5 反事实推断模型 ··· 87
  3.5.1 反事实推断流程 ·· 87
  3.5.2 添加随机混杂因子模型 ··· 88
  3.5.3 安慰剂干预模型 ·· 89

3.5.4 数据子集验证模型 ………………………………………… 89
3.6 基于决策树的对比分析模型 ………………………………………… 90
　　3.6.1 决策树分析流程 …………………………………………… 90
　　3.6.2 决策树分析算法 …………………………………………… 91

第4章 基于因果推断法的科研管理制度建模分析智能原型系统架构 …… 97

4.1 系统功能组成 ………………………………………………………… 97
4.2 技术架构 …………………………………………………………… 101
4.3 逻辑架构 …………………………………………………………… 103
4.4 功能数据流 ………………………………………………………… 104
4.5 数据架构 …………………………………………………………… 105
　　4.5.1 概念数据模型设计 ………………………………………… 105
　　4.5.2 逻辑数据模型设计 ………………………………………… 106
　　4.5.3 物理数据模型设计 ………………………………………… 108
4.6 物理部署架构 ……………………………………………………… 110
4.7 业务流程 …………………………………………………………… 111
4.8 接口关系 …………………………………………………………… 112
　　4.8.1 外部接口设计 ……………………………………………… 113
　　4.8.2 内部接口设计 ……………………………………………… 116

第5章 基于因果推断法的科研管理制度建模分析系统功能实现 ………… 120

5.1 因果关系构建分系统 ……………………………………………… 120
　　5.1.1 功能描述 …………………………………………………… 120
　　5.1.2 实现逻辑 …………………………………………………… 120
　　5.1.3 输入输出 …………………………………………………… 125
　　5.1.4 异常处理 …………………………………………………… 125
　　5.1.5 界面设计 …………………………………………………… 125
5.2 因果关系识别分系统 ……………………………………………… 133
　　5.2.1 功能描述 …………………………………………………… 133
　　5.2.2 实现逻辑 …………………………………………………… 133
　　5.2.3 输入输出 …………………………………………………… 139
　　5.2.4 异常处理 …………………………………………………… 139
　　5.2.5 界面设计 …………………………………………………… 139

- 5.3 因果效应评估分系统 142
  - 5.3.1 功能描述 142
  - 5.3.2 实现逻辑 142
  - 5.3.3 输入输出 143
  - 5.3.4 异常处理 143
  - 5.3.5 界面设计 144
- 5.4 反事实推断分系统 145
  - 5.4.1 功能描述 145
  - 5.4.2 实现逻辑 145
  - 5.4.3 输入输出 147
  - 5.4.4 异常处理 147
  - 5.4.5 界面设计 147
- 5.5 对比分析分系统 148
  - 5.5.1 功能描述 148
  - 5.5.2 实现逻辑 148
  - 5.5.3 输入输出 149
  - 5.5.4 异常处理 149
  - 5.5.5 界面设计 150

第6章 基于因果推断法的科研管理制度建模分析案例 152

- 6.1 案例概况 152
- 6.2 因果变量库构建 153
  - 6.2.1 因果变量抽取 153
  - 6.2.2 管理措施及其映射变量分析 164
  - 6.2.3 关注效果及其映射变量 166
- 6.3 因果关系分析 169
  - 6.3.1 "调整重点项目占比"与关注效果之间的因果关系分析 169
  - 6.3.2 "调整负责人年度项目总数上限"与关注效果之间的因果关系分析 177

参考文献 191

第1章 绪论

1.1 科研管理制度概况

科学研究是对自然现象、社会现象等未知领域进行系统性探索，以揭示规律、获取新知识、拓展认知边界的创造性活动，对推动科技进步、促进社会发展具有至关重要的意义。科研管理制度则是为保障科研活动有序开展，在项目管理、人员激励、资源分配等方面制定的一系列规则与机制。它能优化科研资源配置，激发科研人员积极性与创造力，确保科研活动符合伦理规范，对营造良好科研生态、提升科研质量与效率具有关键支撑作用。

近些年，我国出台了很多科研管理制度。例如，2021 年 12 月 24 日最新修订发布的《中华人民共和国科学技术进步法》是我国科技领域的综合性、全局性、基础性法律，是科研管理的根本大法。它明确了基础研究、应用研究与成果转化、企业科技创新、科学技术研究开发机构、科学技术人员、区域科技创新、国际科学技术合作等各方面的政策要求，以及相应的保障措施和监督管理机制。2025 年 2 月 5 日最新修订发布的《军队装备科研条例》是军队装备科研工作的基本法规，从优化完善规划计划、立项审批、项目管理等流程机制，创新实施装备预先研究、装备研制、装备综合研究等项目分级分类管理，系统规范装备科研质量管控、成本管控、验收评估、成果管理、手段支撑、安全保密等方面，为推动军队装备科研工作高质量发展提供了制度保障。

总的来说，我国科研管理制度主要包括以下五类。这几种类别并非完全独立，有些制度可能同时涵盖几个方面。

1.1.1 规划计划管理

规划计划管理是科研管理的顶层设计部分，主要是国家根据科技发展战略和社会经济发展需求，明确科研方向和重点领域，制定长期、中期和短期科研规划及计划。

科技发展规划是为指导较长时期内科学技术研究与开发而制定的一种综合性规划，包括发展方向、规划目标、主要政策和重要措施等方面，按时间长短可分为两个层次：①长期规划，一般为 10～15 年，是一种设想和指导性的科技规划。②中期规划，一般为 5 年，与国家经济发展五年规划并行，核心是配合近期经济发展需要而制定的国家重点科技项目。例如，2005 年 12 月 26 日，国务院发布《国家中长期科学和技术发展规划纲要（2006—2020 年）》（国发〔2005〕44 号），从重点领域及其优先主题、重大专项、前沿技术、基础研究等方面，对 2006 年至 2020 年的科技发展进行了规划部署。2016 年 8 月 8 日，国务院发布《"十三五"国家科技创新规划》，明确了"十三五"时期科技创新的总体思路、发展目标、主要任务和重大举措，部署了面向 2030 年的 15 个重大科技项目，是国家在科技创新领域的重点专项规划。

国家科技计划是根据国家科技发展规划和战略安排的，以中央财政支持或以宏观政策调控、引导，由政府部门组织和实施的科学研究或试验发展活动及相关的其他科学技术活动。目前，我国科技计划体系包括国家自然科学基金、国家科技重大专项（科技创新 2030—重大项目）、国家重点研发计划、技术创新引导专项（基金）以及基地和人才专项。其中，国家重点研发计划是 2015 年实施的，由原来的国家重点基础研究发展计划（973 计划）、国家高技术研究发展计划（863 计划）、国家科技支撑计划、国际科技合作与交流专项、产业技术研究与开发基金、公益性行业科研专项等整合而成。

科技计划管理制度主要由科技部牵头制定，例如：2017 年 6 月 1 日，科技部、国家发展改革委、财政部发布《国家科技重大专项（民口）管理规定》（国科发专〔2017〕145 号），明确了科技重大专项的组织管理和工作流程，包括组织实施与过程管理、评估与监督、总结与验收、资金管理、成果管理等各个方面。2019 年 1 月 30 日，为了充分激发科研人员创新活力、切实减轻科研人员负担，科技部、财政部发布《关于进一步优化国家重点研发计划项目和资金管理的通知》（国科发资〔2019〕45 号），提出赋予科研人员更大技术路线决策权、扩大承担单位预算调剂权限、实施一次性项目综合绩效评价、突出代表性成果和项目实施效果评价等 12 条措施。2022 年 8 月

10 日，科技部办公厅、财政部办公厅、自然科学基金委办公室发布《关于进一步加强统筹国家科技计划项目立项管理工作的通知》(国科办资〔2022〕107 号)，明确了国家科技计划项目立项管理工作的总体要求、实施范围、具体规定，规定了哪些国家科技计划项目在立项过程中要建立联合审查机制，不能重复申报，科研人员同期申请和承担的项目（课题）数原则上不得超过几项等内容。2024 年 3 月 31 日，科技部、财政部发布新修订的《国家重点研发计划管理暂行办法》(国科发资〔2024〕28 号)，规范了国家重点研发计划的管理和组织实施，明确了国家重点研发计划按照重点专项、项目分层次管理，并具体规定了项目申报指南编制、遴选方式、实施、绩效评价，以及重点专项执行情况报告、验收评价、多元投入机制、拨款方式等方面的内容。

1.1.2 项目管理

项目管理包括项目申报、立项、实施、验收等环节，旨在规范申报流程、明确立项条件、加强项目实施过程的监督和管理，确保项目按时、按质、按量完成。申报立项环节，科研单位或人员依据指南提交项目申请书，通过形式审查、专家评审等流程争取立项；项目实施过程中，要按照预定的研究计划开展工作，定期汇报进展情况，像国家自然科学基金项目就要求项目负责人定期提交进展报告；项目结题阶段，管理部门对项目成果进行验收，确保完成预定目标。

项目管理相关制度有很多，例如，2007 年 9 月 12 日，教育部修订的《教育部科学技术研究项目管理办法（修订）》(教技〔2007〕6 号)，对教育部科学技术研究项目类型、各级部门的实施管理职责、项目结题验收等作了明确规定，并重点增加了财务管理和网络管理等内容。2012 年 12 月 17 日，教育部发布《关于进一步加强高校科研项目管理的意见》(教技〔2012〕14 号)，对加强高校科研项目管理工作提出 4 部分 21 条意见，包括：完善科研管理体系，增强科学管理能力；加强科研项目全过程管理，保障科研任务顺利实施；建立科研服务体系，提高科研项目管理水平；优化考核与监督机制，促进科研工作健康发展。2014 年 3 月 3 日，国务院发布《关于改进加强中央财政科研项目和资金管理的若干意见》(国发〔2014〕11 号)，从改进加强科研项目和资金管理的总体要求、加强科研项目和资金配置的统筹协调、实行科研项目分类管理、改进科研项目管理流程、改进科研项目资金管理、加强科研项目和资金监管、加强相关制度建设、明确和落实各方管理责任 8

个方面，对改进和加强中央财政民口科研项目和资金管理作出全面部署。

国家自然科学基金是我国资助基础研究、支持人才培养和团队建设的主渠道。国家自然科学基金委员会依法管理国家自然科学基金，出台了很多相关的管理制度。例如，2018年12月4日，第14次国家自然科学基金委务会议审议通过《国家重大科研仪器研制项目管理办法》，明确提出重大科研仪器项目申请与受理、评审与批准、实施与管理、验收与结题、成果管理和后评估等各环节的管理要求。2019年3月28日，为充分激发科研人员创新活力、切实减轻科研人员负担，按照明确责任、简化流程的原则，国家自然科学基金委员会、财政部发布《关于进一步完善科学基金项目和资金管理的通知》（国科金发财〔2019〕31号），对国家自然科学基金项目和资金管理提出了13条改进意见，包括：精简信息填报和材料报送，简化项目预算编制要求，精简项目过程检查，赋予科研单位项目经费管理使用自主权，推进分类评审改革、突出代表性成果和项目实施效果评价等。2024年11月8日，国务院总理李强签署第796号国务院令，公布修订后的《国家自然科学基金条例》，明确了国家自然科学基金组织与规划、申请与评审、资助与实施、监督与管理等方面的要求。与之相关的还有《国家自然科学基金面上项目管理办法》《国家自然科学基金重点项目管理办法》，分别对国家自然科学基金面上项目、重点项目的申请条件、评审程序、管理要求等进行了详细规定。

1.1.3 经费管理

经费管理主要是对科研经费的预算编制、审批、使用、监管等方面进行规范，旨在加强经费监管，提高经费使用效益。预算编制方面，科研人员要根据项目任务合理编制经费预算，包括设备费、材料费、人员费等各项开支；经费使用过程中，要严格按照国家财务规定和项目预算执行，确保经费使用合法合规、专款专用；经费监管方面，监管部门通过对科研经费使用情况进行内部审计和外部审计等手段防止经费滥用。

经费管理制度与项目类型紧密相关，有一些是通用的。例如，2012年12月17日，为提升科研经费管理服务水平，提高资金使用效益，教育部、财政部发布《关于加强中央部门所属高校科研经费管理的意见》（教财〔2012〕7号），对中央部门所属高校科研经费管理提出6部分18条意见，包括：明确责任主体，建立分级管理体制；完善工作机制，提升管理服务能力；规范预算管理，提高预算编制质量；强化统一管理，严格科研经费支出；健全管理机制，完善绩效管理办法；加强监督检查，落实责任追究制度。2016年7

月 31 日，中共中央办公厅、国务院办公厅发布《关于进一步完善中央财政科研项目资金管理等政策的若干意见》(中办发〔2016〕50 号)，提出深化改革创新科研经费使用和管理方式的总体要求是坚持以人为本、坚持遵循规律、坚持"放管服"结合、坚持政策落实落地，并提出了改进中央财政科研项目资金管理，完善中央高校及科研院所差旅会议管理、科研仪器设备采购管理、基本建设项目管理，规范管理、改进服务，加强制度建设和工作督查等要求。2021 年 8 月 13 日，国务院办公厅发布《关于改革完善中央财政科研经费管理的若干意见》(国办发〔2021〕32 号)，提出了扩大科研项目经费管理自主权、完善科研项目经费拨付机制、加大科研人员激励力度、减轻科研人员事务性负担、创新财政科研经费投入与支持方式、改进科研绩效管理和监督检查等一系列改革举措，以提高科研经费的使用效益，激发科研人员的创新活力。

还有一些专门针对某类项目的经费管理制度。例如，2017 年 6 月 27 日，财政部、科技部、国家发展改革委发布修订后的《国家科技重大专项（民口）资金管理办法》(财科教〔2017〕74 号)，指出重大专项的财政支持方式分为前补助、后补助，明确了重大专项管理机构与职责、概算管理、资金核定方式及开支范围、预算编制与审批、预算执行、监督检查等方面的内容。2021 年 9 月 29 日，财政部、科技部发布修订后的《国家重点研发计划资金管理办法》(财教〔2021〕178 号)，明确指出国家重点研发计划由若干重点专项组成，重点专项下设项目，项目可根据自身特点和需要下设课题；重点专项实行概预算管理，重点专项项目实行预算管理。同时，明确了重点专项概预算管理、项目资金开支范围、项目预算编制与审批、项目预算执行与调剂、项目综合绩效评价、监督检查等相关要求。2021 年 9 月 30 日，财政部、国家自然科学基金委员会发布《国家自然科学基金资助项目资金管理办法》(财教〔2021〕177 号)，规定了国家自然科学基金资助项目资金的开支范围、预算制项目和包干制项目的资金管理要求，以及绩效管理与监督检查机制等内容。2021 年 10 月 31 日，财政部、全国哲学社会科学工作领导小组发布《国家社会科学基金项目资金管理办法》(财教〔2021〕237 号)，又对国家社会科学基金资助项目资金的使用和管理要求作了明确规定。

1.1.4 成果管理

成果管理主要是进行成果登记和管理，注重科研成果的保护、转化和应用，明确成果的归属和权益。科研项目完成后要将成果在相关管理部门进行登记，明确知识产权归属；成果评价主要通过同行评议、第三方评估等方式，对成果的创新性、应用价值等进行评价；成果转化主要通过技术转让、产学研合作等方式实现项目科研成果的产业化应用。

成果权益归属方面，2020年5月9日，为深化科技成果使用权、处置权和收益权改革，进一步激发科研人员创新热情，促进科技成果转化，科技部等9部门联合印发《赋予科研人员职务科技成果所有权或长期使用权试点实施方案》（国科发区〔2020〕128号），提出要分领域选择40家高等院校和科研机构开展试点，探索建立赋予科研人员职务科技成果所有权或长期使用权的机制和模式。

成果评价方面，2021年8月2日，国务院办公厅发布《关于完善科技成果评价机制的指导意见》（国办发〔2021〕26号），明确了科技成果评价的基本原则，提出4条组织实施的要求，并重点提出：全面准确评价科技成果的科学、技术、经济、社会、文化价值；健全完善科技成果分类评价体系；加快推进国家科技项目成果评价改革；大力发展科技成果市场化评价；充分发挥金融投资在科技成果评价中的作用；引导规范科技成果第三方评价；改革完善科技成果奖励体系；坚决破解科技成果评价中的"唯论文、唯职称、唯学历、唯奖项"问题；创新科技成果评价工具和模式；完善科技成果评价激励和免责机制。

成果转化方面，2015年8月29日，全国人民代表大会常务委员会对1996年5月15日通过的《中华人民共和国促进科技成果转化法》进行了修订，规范了成果转化活动组织实施、保障措施、技术权益、法律责任等方面的内容，修改了原来科技成果涵盖的范围，增加了"国家对科技成果转化合理安排财政资金投入，引导社会资金投入，推动科技成果转化资金投入的多元化"等一系列条款。2016年4月21日，国务院办公厅发布《促进科技成果转移转化行动方案》（国办发〔2016〕28号），明确了促进科技成果转移转化要坚持市场导向、政府引导、纵横联动、机制创新4个基本原则和"十三五"期间的主要目标及指标，并从开展科技成果信息汇交与发布、产学研协同开展科技成果转移转化、建设科技成果中试与产业化载体、强化科技成果转移转化市场化服务、大力推动科技型创新创业、建设科技成果转移转化人才队伍、大力推动地方科技成果转移转化、强化科技成果转移转化的多元化资金投入8个方面，提出了26条重点任务。2016年8月3日，教育部、科技部发布《关于加强高等学校科技成果转移转化工作的若干意见》（教技〔2016〕3号），对推动高校加快科技成果转移转化提出十条意见，包括：全面认识高校科技成果转移转化工作；简政放权鼓励科技成果转移转化；建立健全科技成果转移转化工作机制；加强科技成果转移转化能力建设；健全以增加知识价值为导向的收益分配政策；完善有利于科技成果转移转化的人事管理制度；支持学生创新创业；推进科研设施和仪器设备开放共享；建立科技成果转移转化年度报告制度和绩效评价机制；切实加强领导，认真组织实施。

1.1.5 奖惩管理

奖惩管理主要是建立科学合理的评价体系，对科研项目和科研人员的绩效进行评价，并根据评价结果进行奖惩，以激励科研人员的积极性和创造性，营造良好的科研创新环境。

奖励制度旨在遴选对科技进步做出突出贡献的科研人员进行表彰，调动科研人员的积极性。例如，1999年5月23日中华人民共和国国务院令（第265号）发布《国家科学技术奖励条例》，之后在2003年、2013年、2020年、2024年进行了四次修订，明确了国家科学技术奖包括国家最高科学技术奖、国家自然科学奖、国家技术发明奖、国家科学技术进步奖、中华人民共和国国际科学技术合作奖，并规定了国家科学技术奖的设置条件及提名、评审和授予程序。2017年5月31日，国务院办公厅发布《关于深化科技奖励制度改革的方案》（国办函〔2017〕55号），提出改革完善国家科技奖励制度、引导省部级科学技术奖高质量发展、鼓励社会力量设立的科学技术奖健康发展三大重点任务，并在改革完善国家科技奖励制度方面提出实行提名制、建立定标定额的评审制度、调整奖励对象要求、明晰专家评审委员会和政府部门的职责、增强奖励活动的公开透明度、健全科技奖励诚信制度、强化奖励的荣誉性7项具体任务。2018年7月18日，为充分释放创新活力，调动科研人员积极性，国务院发布《关于优化科研管理提升科研绩效若干措施的通知》（国发〔2018〕25号），提出要加大对承担国家关键领域核心技术攻关任务科研人员的薪酬激励，对全时全职承担任务的团队负责人及引进的高端人才，实行一项一策、清单式管理和年薪制，加大高校、科研院所和国有企业科研人员科技成果转化股权激励力度等措施。

惩罚制度主要针对学术不端行为，如抄袭、篡改数据等，明确给予通报批评、撤销科研项目、取消职称晋升资格等不同处罚措施。例如，2006年11月7日，科技部发布《国家科技计划实施中科研不端行为处理办法（试行）》（科学技术部令 第11号），针对科学技术部归口管理的国家科技计划项目的申请者、推荐者、承担者在科技计划项目申请、评估评审、检查、项目执行、验收等过程中发生的科研不端行为，明确了不端行为的类型、调查处理机构、处罚措施、处理程序和申诉复查等内容。2020年7月17日，科技部发布《科学技术活动违规行为处理暂行规定》(科学技术部令 第19号)，明确了受托管理机构、受托管理机构工作人员、科学技术活动实施单位、科学技术人员、科学技术活动咨询评审专家的违规行为及相应的处理措施和处理程序。2022年8月25日，科技部等二十二部门联合发布《科研失信行为调查处理规则》(国科发监〔2022〕221号)，指出科研失信行为包括8种在科学研究及相关活动中发生的违反科学研究行为准则与规范的行为，规定了各级部门的职责分工，以及科研失信行为举报受理、调查、处理、申诉复查、保障与监督等方面的内容。

1.2 科研管理制度建模分析的必要性

从1.1节可看出，科研管理制度数量繁多且体系复杂，从项目的申报立项验收流程，到科研经费的分配与使用规范，再到研究成果的评估与转化机制等，涵盖了科研活动的各个环节。这些制度涉及人员、资源、外部环境等众多因素，且各因素之间相互交织、相互影响，在科研管理制度制定修订过程中如果对这些因素考虑不全，对因素之间的关系理解不清，会影响制度设计的合理性和可行性，进而无法充分发挥科研管理制度对规范科研活动、保障科研质量等的关键作用。

传统科研管理制度的制定主要依据科研管理人员、制度设计专家的主观判断和实践经验，参考相关领域已有的管理制度和各级科研管理部门、承研单位的反馈意见来开展。这种科研管理制度设计方法虽然比较高效、灵活，但存在如下不足：

(1) 对于条款的具体设定对制度最终关注效果产生的影响无法进行准确的定量评估；

(2) 对于制度条文中各项限制约束条件的优化设定难以提供科学客观依据；

(3) 对于制度中各项因素的相互影响、制度作用的内部机理缺少客观的分析手段；

(4) 对于目前积累的丰富的科研管理数据没有实现充分利用。

因此，亟需科学的分析方法来帮助我们梳理科研管理制度中的各因素的逻辑关系，找出关键环节与潜在问题，通过数据分析、模型构建等手段对制度的可行性、有效性进行全面评估，从而为科研管理制度的优化完善提供准确有力的依据，促进制度制定水平的整体提升和科研管理水平的提高。

1.3 目前常用的科研管理制度建模分析方法

科研管理制度建模分析就是对制度条款中的管理措施（如政府是否参与项目申报指南的审核、是否限定重点项目比例）、限制约束（如单人同时承担项目个数、项目绩效占比、延期时长、经费执行率、中期考核次数）和最终效果（如年度计划是否合理、项目完成率提高、项目质量保证等）之间的关系进行定量分析，以准确衡量管理措施的有效性，进而为优化科研管理流程、提高科研管理水平提供科学支撑。

概括地说，目前国内外常用的科研管理制度的建模分析方法主要有以下几种。

1.3.1 传统统计分析方法

传统统计分析方法是运用统计学原理，对科研管理相关数据进行收集、整理、分析和推断的方法。通过描述性统计分析（如均值、方差、频率等）可以了解数据的基本特征，如科研人员年龄分布、科研经费投入的集中趋势等。相关性分析用于研究变量之间的关联程度，例如，科研经费与科研成果数量之间是否存在关联。回归分析则可以建立变量之间的数学模型，预测因变量的变化，比如根据科研投入预测科研产出。

传统统计分析方法能够简洁明了地呈现科研管理数据的基本特征，帮助管理者快速了解数据的整体情况，为后续分析提供基础；可以准确揭示变量之间的关联程度，为科研管理决策提供量化依据，如确定哪些因素对科研成果产出影响较大。但是，该方法存在很多劣势，包括许多假设统计分析方法对数据的分布、独立性等有严格假设，例如，回归分析要求数据满足线性关系、正态分布等假设，若实际数据不满足这些假设，分析结果可能不准确；分析结果只能反映变量之间是否存在相关关系，不能判定变量之间的因果关系；异常数据点可能会对统计分析结果产生较大影响，例如，在计算均值时，一个极大或极小的异常值可能会使均值偏离正常水平，从而影响对整体数据的判断；对于具有高度复杂性和非线性关系的科研管理系统，单纯的统计分析可能无法全面、深入地揭示系统的内在机制和规律。

1.3.2 结构方程模型方法

结构方程模型（Structural Equation Modeling，SEM）方法是一种综合运用多元回归分析、路径分析和验证性因子分析的统计方法。它可以同时处理多个自变量和因变量之间的关系，不仅能够分析显变量（可直接观测的变量，如科研经费、论文数量），还能分析潜变量（无法直接观测，需通过多个显变量间接测量的变量，如科研创新能力、科研团队凝聚力）。通过构建理论模型，设定变量之间的路径关系，利用样本数据对模型进行估计和验证，从而探究科研管理系统中各因素之间的复杂关系。

结构方程模型方法的综合分析能力强，能够同时考虑多个变量之间的直接和间接关系，直观展示变量之间的因果路径，例如，可以分析科研人员激励措施通过哪些途径影响科研成果产出；同时，可以有效地处理潜变量，将抽象的概念转化为可测量和分析的变量，为研究科研管理中的抽象因素（如科研氛围、科研人员满意度等）提供了有力工具。但是，该方法也存在一些劣势，例如：需要较大的样本量来保证模型估计的稳定性和准确性，而在科研管理研究中获取大规模的有效样本可能存在困难；模型可能存在识别不足的情况，需要研究者具备丰富的经验和专业知识，通过合理设定模型约束条件等方式来解决识别问题，增加了模型构建的难度；模型结构涉及多个参数，不同的拟合指数和参数含义复杂，研究者需要花费较多的时间和精力去理解和解读，以准确把握各因素之间的关系。

1.3.3 多准则决策分析方法

多准则决策分析（Multi-Criteria Decision Analysis，MCDA）方法旨在处理在多个相互冲突的准则下进行决策的问题。在科研管理制度的情境中，科研管理决策往往涉及多个方面的考量，例如，科研项目的选择可能需要综合考虑项目的创新性、可行性、预期的经济效益、社会效益以及对科研团队发展的促进作用等多个准则。该方法通过对各个准则进行量化或定性评估，并确定其相对重要性权重，然后综合考虑这些准则来对不同的决策方案进行评价和排序，从而选出最优或最满意的方案。常见的多准则决策分析方法包括层次分析法（Analytic Hierarchy Process，AHP）、逼近理想解排序法（Technique for Order Preference by Similarity to an Ideal Solution，TOPSIS）、模糊综合评价法等，它们在处理准则权重确定和方案评价的方式上有所不同，但核心都是解决多准则下的决策问题。以层次分析法为例，它是一种将与决策总是有关的元素分解成目标、准则、方案等层次，在此基础上进行定性和定量分析的决策方法。

多准则决策分析方法能够综合考虑多个准则，全面评估决策方案，避免仅基于单一准则进行决策的片面性，使决策结果更符合科研管理的实际需求。例如，在科研项目立项决策中，兼顾创新性、可行性等多方面因素，有助于筛选出更具价值的项目；此外，适用于各种类型的科研管理决策问题，无论是定性的还是定量的准则，都可以通过适当的方式纳入决策分析框架，并且可以根据具体问题灵活选择不同的多准则决策方法或对方法进行改进和组合。但是，该方法需要高质量的数据支持，包括各个方案在不同准则下的详细数据以及合理的准则权重数据，而在科研管理中，获取全面、准确的数据可能存在困难；在确定准则权重等环节中，不可避免地会受到主观因素的影响，如专家的知识背景、经验和偏好等，不同的专家可能给出不同的权重，导致决策结果存在一定的不确定性；一些多准则决策分析方法或考虑多个层次和因素的决策分析，计算过程较为复杂，可能增加科研管理人员应用该方法的难度和时间成本。

1.3.4 数据包络分析方法

数据包络分析（Data Envelopment Analysis，DEA）方法是一种基于线性规划的多投入多产出效率评价方法，常被用于科研资源配置效率评估、科研绩效评价和科研管理相关政策实施效果评估等。在科研管理制度建模中，将科研管理视为一个生产系统，以科研投入（如科研人员、科研经费、科研设备等）为输入指标，以科研产出（如科研论文数量、专利数量、科研成果转化收益等）为输出指标，通过构建DEA模型，评价不同科研管理单元（如科研机构、科研团队等）的相对效率，找出有效的决策单元，并分析非有效决策单元的投入冗余和产出不足情况，为科研管理改进提供方向。

DEA方法在科研管理制度建模分析中有一些优点，例如：与传统的效率评价方法（如生产函数法）不同，DEA方法不需要预先设定输入输出之间的具体函数关系，能够更客观地评价科研管理单元的相对效率；能够同时处理多个输入和多个输出指标，全面考虑科研管理过程中的各种投入产出因素，更符合科研管理的实际情况；可以将综合效率分解为纯技术效率和规模效率，分别分析科研管理单元在技术水平和规模效益方面的表现，有助于深入了解科研管理效率的影响因素，针对性地提出改进措施。但是，该方法也存在很多明显的劣势，例如：模型评价结果高度依赖于输入输出数据的准确性和完整性，如果数据存在误差或缺失，可能会导致效率评价结果出现偏差，影响决策的可靠性；传统的 DEA 方法主要关注期望产出（如科研成果的数量和质量），难以直接处理非期望产出（如科研活动对环境的负面影响等），应用范围受到限制；DEA 模型的计算结果是相对效率值，对于非专业人员来说，理解和解释起来可能存在一定困难，并且不同决策单元之间的效率比较需要结合具体的指标和实际情况进行分析，又进一步增加了结果分析的难度。

1.3.5 系统动力学方法

系统动力学方法基于系统论、控制论和信息论，将复杂系统视为由相互关联的变量和反馈回路构成的动态系统。在科研管理制度建模中，通过建立反映科研管理系统中各种因素（如科研人员数量、科研经费投入、科研成果产出等）相互关系的流图和方程，模拟系统的动态行为。例如，科研经费投入的增加可能会提升科研人员的积极性，进而提高科研成果产出，而科研成果的增加又可能促进投入更多的科研经费，形成正反馈回路。

系统动力学方法能够清晰展示科研管理系统随时间的变化趋势，揭示系统中各种因素的动态交互作用，有助于预测科研管理制度在不同条件下的长期效果。并且，该方法的可视化程度高，系统流图以直观的图形方式呈现系统结构和运行机制，便于科研管理人员和决策者理解复杂的系统关系，为制定科学的管理策略提供直观依据。此外，可以通过调整模型中的参数和变量，模拟不同科研管理政策（如经费分配政策、人才引进政策等）的实施效果，为政策制定提供实验平台，降低决策风险。但是，该方法有两个明显的劣势：一是准确构建系统动力学模型需要大量的历史数据来确定变量之间的关系和参数值，而在科研管理领域，数据的收集和整理往往存在一定难度，数据的准确性和完整性可能影响模型的可靠性；二是对于大规模、复杂的科研管理系统，模型中变量和反馈回路众多，导致模型结构复杂，理解难度较大，而且模型的假设条件较多，若假设不合理，可能会使模型的预测结果与实际情况产生偏差。

1.3.6 基于 Agent 的建模方法

基于 Agent 的建模方法将科研管理系统中的各个实体（如科研人员、科研机构、科研项目等）抽象为具有自主决策能力、交互能力和学习能力的 Agent。每个 Agent 根据自身的目标和规则在环境中进行活动，并与其他

Agent 相互作用，通过模拟大量 Agent 的微观行为及其相互关系，涌现出科研管理系统的宏观行为和规律。例如，科研人员 Agent 根据自身的研究兴趣、能力和资源选择科研项目，与其他科研人员 Agent 合作或竞争，这些微观行为的综合作用决定了科研项目的进展和科研成果的产出等宏观现象。

基于 Agent 的建模方法能够深入刻画科研管理系统中个体的微观行为和决策过程，考虑到个体的异质性和自主性，更真实地反映科研管理系统的实际运行机制。此外，该方法的动态适应性强，面对不断变化的科研环境和政策，可以更好地模拟系统的动态响应和演化过程。并且，该方法可以清晰地展示科研管理系统中各种实体之间复杂的交互关系，如科研人员之间的合作网络、科研机构与科研人员之间的管理关系等，有助于揭示系统中隐藏的规律和机制，为科研管理决策提供更深入的支持。但是，该方法有几个明显的劣势，例如：模型构建难度大，需要对科研管理系统中的各个实体和行为进行深入分析和抽象，确定 Agent 的属性、行为规则和交互规则，需要具备丰富的领域知识和建模经验；对于大规模的科研管理系统建模，由于需要模拟大量 Agent 的行为和交互，会消耗大量的计算资源和时间；模型中包含众多的 Agent 和复杂的交互关系，难以找到直接的方法对模型进行全面、准确的验证。

1.3.7　博弈论分析方法

博弈论分析方法聚焦于研究多个决策主体在相互依存、相互影响的情境下如何做出决策。在科研管理制度建模中，涉及科研人员、科研机构、资助方等多个利益相关者，其各自追求自身利益最大化，决策行为相互关联。例如，科研人员期望通过最少的投入获取最多的科研成果和个人收益；科研机构希望提升整体科研实力和声誉；资助方则追求资金投入的高回报，即高质量的科研成果产出。这些主体的决策并非孤立，而是在彼此策略选择的基础上进行。以科研项目申请为例，科研人员会依据资助方的资助政策、同行竞争情况来决定申请项目的类型和投入精力，资助方则会根据科研人员的申请情况以及以往项目执行效果调整资助策略，各方在这种动态交互中寻求自身利益的最优解。

博弈论分析方法能够清晰地展现科研管理中各利益相关者之间复杂的相互作用和利益冲突关系，帮助管理者预测不同管理策略下各利益相关者的反应和行为结果，从而为制定、优化科研管理制度提供科学的决策依据；同时，通过设计合理的激励机制和规则，可以引导科研人员、科研机构、资助方等在追求自身利益的同时达成合作共赢的局面，实现整体科研效益的最大化。但是，该方法也有一些不足，首先，它要基于参与者完全理性的假设，即参与者能够准确计算各种策略的收益并做出最优决策，但在实际科研管理中，科研人员和其他利益相关者可能受到认知能力、情感因素、信息不对称等多种因素的影响，并非完全理性；其次，准确构建博弈模型需要全面、准确的信息，包括各参与者的策略空间、收益函数等，然而由于科研活动具有不确定性或各利益相关者为了自身利益隐瞒信息，获取这些信息存在较大难度；再次，为了便于分析和求解，博弈模型往往需要对复杂的科研管理现实进行简化和抽象，这可能导致模型无法完全反映实际情况，产生偏差；最后，当涉及很多个参与者和多种策略组合时，博弈模型的计算和分析过程非常复杂，这限制了博弈论在一些实际科研管理决策中的推广和应用。

如表1-1所示，目前常用的几种科研管理制度建模分析方法有不同的适用场景，各具特色，各有优劣。

表1-1　目前常用的科研管理制度建模分析方法比较

方法	适用场景	优势	劣势	相关文献
传统统计分析方法	描述数据特征和探究变量关系	可简洁明了地揭示变量之间的关联程度	假设条件严格、易受异常值影响、难以处理复杂系统	王颖婕等，2020；米捷等，2024
结构方程模型方法	分析复杂的因果网络和处理潜变量	可同时考虑多个变量之间的直接和间接关系	样本要求高、难以准确识别模型参数、结果解释复杂	王成军等，2015；李敬锁和赵芝俊，2016
多准则决策分析方法	综合考虑多个指标进行科研项目的遴选和绩效评价	可同时考虑多个目标准则、分析框架和方法灵活	主观性较强、有些方法计算复杂	杨水利等，2018；李诚，2023
数据包络分析方法	进行科研管理单元的效率评价和资源优化配置	多投入多产出分析能力强	对数据质量要求高、结果解释相对复杂	齐天，2023；吕远和李宁，2024
系统动力学方法	研究科研管理系统的动态演化过程	揭示各种因素的动态交互作用、可视化程度高	数据要求较高、模型结构复杂	凌峰等，2024；廖苏亮等，2022；苗欣宇等，2020
基于Agent的建模方法	刻画科研管理系统中个体的微观行为和复杂交互关系	可深入地刻画各实体的微观行为及其复杂交互关系	模型构建难度大、计算资源消耗高、模型验证困难	杨闽湘等，2013；关鹏等，2019

续表

方　法	适用场景	优　势	劣　势	相关文献
博弈论分析方法	研究多个利益相关者在相互依存、相互影响的情境下如何做决策	可清晰地揭示各利益相关者之间复杂的相互作用和利益冲突关系	理性人假设局限、模型简化后可能与真实情况有偏差	阿儒涵等，2014；李枫等，2015；苏明，2023；王明明等，2009

上述这些方法为科研管理的科学化、精细化提供了重要的手段工具，极大地推动了科研管理理论与实践的发展，但总的来说仍存在诸多不足。首先，科研管理制度体系复杂，因素繁多且相互交织，大部分方法只能说明变量之间是否存在相关关系，难以深入揭示变量之间的内在因果机制，无法准确地指导解决制度存在的深层次矛盾问题。其次，在实际科研环境中，与研究变量相关的混杂因素广泛存在，这些建模分析方法由于缺乏有效的识别与控制机制，研究结果容易受到混杂因素的影响而出现偏差，进而误导后续的决策制定。最后，这些方法的数据依赖性很强，对于难以直接采集和量化的数据，或者如果数据收集不全面、不准确，其分析结果的充分性和可信性就会大打折扣。

因果推断（Causal Inference）是一种通过实验设计、潜在结果框架、结构因果模型等深入揭示变量之间因果关系的研究方法，近年来在政策评估领域得到越来越广泛的应用。例如，评估教育政策对学生学业成绩、升学率、就业率等的因果效应，数字经济改革政策对基本公共服务供给及其均等化的因果效应，税制改革政策对制造业经营多元化的因果效应等。因此，研究团队尝试将因果推断法引入到科研管理制度的建模分析之中，以期为科研管理制度设计优化提供新的视角与手段支撑。

1.4　因果推断法用于科研管理制度建模分析的独特优势

研究团队之所以将因果推断法引入到科研管理制度建模分析之中，是因为它有以下几个非常独特的优势。

（1）因果推断法能够深入揭示变量之间的因果关系。在科研管理制度研究中，许多因素之间看似存在关联，但不一定是因果关系。例如，科研奖励制度与科研成果质量之间可能正相关，但这并不意味着加大科研奖励就必然导致科研成果质量的提升。因果推断法通过严谨的实验设计与数据分析方法，如随机对照实验、工具变量法等，能够准确判断出因果关系，避免制度制定基于错误的关联认知。

（2）因果推断法可以有效控制混杂因素对结果的影响。科研管理制度涉及的因素众多，存在大量混杂因素影响分析结果的准确性。因果推断法通过倾向得分匹配、工具变量法等多种手段，可以有效地控制这些混杂因素，使研究结果更具可靠性。比如，在分析科研资源分配与科研人员绩效的关系时，可能存在科研人员自身能力、项目难度等混杂因素，因果推断法能够通过合适的方法对这些因素进行调整和控制，从而更准确地评估资源分配对绩效的真实影响，避免得出错误的结论。

（3）因果推断法能够灵活处理无法直接采集数据的变量。对于一些难以直接采集数据的变量，如科研人员的创新意愿、学术氛围等，因果推断法可以基于专家知识或采用代理变量、潜在变量模型等方式进行处理。以创新意愿为例，可以通过科研人员的项目申请积极性、对新技术的尝试频率等可观测的行为作为代理变量来间接衡量创新意愿，进而分析其与科研管理制度中激励措施等因素的关系，使得对科研管理制度的分析更加全面和深入，能够涵盖那些难以直接量化的重要因素。

综上，因果推断法能够为科研管理制度智能推演、优化设计提供重要的理论方法指导和科学的手段支撑。下面，我们分五个章节对基于因果推断法的科研管理制度建模分析流程、模型、系统架构和功能实现方法进行详细介绍，并结合案例对其进行有效验证。

第 2 章
基于因果推断法的科研管理制度建模分析概貌

2.1 因果推断的基本概念及主要方法

因果推断也称因果推理，其核心思想是，通过实验设计、随机化实验和潜在结果框架等方法，识别和估计干预措施对结果的影响。与相关性分析不同，因果推断主要解决两类问题：因果关系发现和因果效应评估。其中，因果关系发现研究变量两两之间是否有因果关系，以及谁是因、谁是果；因果效应评估研究"因"的改变能带来多少"果"的变化。

针对不同的具体问题和数据特征，有不同的因果推断方法。并且，随着大数据和机器学习技术的发展，因果推断方法也在不断创新，为解决复杂的因果问题提供了新的可能。常用的因果推断方法有以下几种。

1. 随机对照实验（Randomized Controlled Trial，RCT）

随机对照实验是因果推断的黄金标准，通过随机分配实验对象到处理组和对照组，消除混杂因素的影响，比较两组之间的差异，从而准确评估因果效应。该方法经常被用于评估治疗、药物或其他干预措施的效果。

2. 倾向得分匹配（Propensity Score Matching，PSM）

该方法最早由 Paul Rosenbaum 和 Donald Rubin 在 1983 年提出。倾向得分是指在给定一组可观测的协变量的情况下，个体接受处理的条件概率。倾向得分匹配就是针对观察研究数据，通过将处理组和对照组中的个体按照倾向得分进行匹配，使得匹配后的处理组和对照组在可观测的协变量上具有相似的分布，从而控制混杂因素，减少因果效应估计偏差。

3. 工具变量（Instrumental Variable，IV）

某一个变量与模型中随机解释变量高度相关，却不与随机误差项相关，那么可以用此变量与模型中的其他变量一起构造出相应参数的一个一致估计量，这个变量就称为工具变量。这种利用外部工具变量解决内生性问题的方法就称为工具变量法。

4. 双重差分（Difference in Differences，DID）

双重差分法又称倍差法，通过对实验对象在处理前后以及处理组与对照组之间的差异进行双重差分，来消除可能存在的混淆因素和时间趋势的影响，从而估算处理因素或干预措施对结果变量的净因果效应。

5. 潜在结果框架（Potential Outcome Framework，POF）

潜在结果框架是一套用来描述因果关系的符号语言，最早由 Rubin 在 1974 年提出，因此也被称为 Rubin 因果模型。它是因果推断领域中的一个重要理论框架，其核心概念为单元、干预和结果，其中单元是干预效果研究中的最小研究对象。因果与干预绑定，作用于单元上，通过比较不同干预的潜在结果来估计干预效果，即因果效应。

6. 结构因果模型（Structural Causal Model，SCM）

结构因果模型最早由 Judea Pearl 在 2000 年提出，是一种用有向无环图和结构方程来表示变量之间因果关系的模型，框架包括因果图、结构化方程、反事实和介入式逻辑。它旨在通过对系统的结构进行建模，揭示变量之间的因果机制，从而进行因果推断和预测。

2.2 因果推断法的应用场景

在科研管理制度建模分析领域，因果推断法主要可以应用于以下场景的研究和实践。

1. 科研资源分配

在科研管理中，资源分配是非常重要的一个环节。通过构建因果模型，可以分析科研经费投入、设备资源分配等与科研成果产出（如论文发表数量、引用率，专利申请量）之间的因果关系，确定何种投入水平及分配模式可有效提升科研成果质量与数量，为优化调整科研资源分配政策、提高科研资源的使用效率和效能提供科学依据。例如，采用倾向得分匹配方法，选取在科研团队规模、研究方向等方面相似的项目组，一组给予较高的科研经费支持，另一组给予常规经费支持，对比分析两组的科研成果，从而准确判断科研经费投入对科研成果的因果影响，为后续科研经费的合理分配提供支撑。

2. 人才激励评价

在科研人员激励制度建模分析中，可以利用工具变量法等因果推断法，以奖励措施（如奖金、荣誉称号、晋升机会等）为工具变量，研究其对科研人员发表高质量论文、参与科研项目积极性等方面的因果效应，通过排除其他可能影响科研人员积极性和创造能力的因素，如科研人员自身的学术追求、团队氛围等，精准确定人才激励政策的实际效果，以便对激励政策进行优化和完善。同时，传统人才评价多依赖论文、项目等量化指标，却未必能真实反映科研人员创造力，可以利用因果推断法研究不同评价指标权重设定对科研人员行为的影响，为优化人才评价机制提供科学依据。

3. 科研管理流程优化

科研管理流程（包括项目申报、立项审批、执行监督、结题验收等环节）是否科学高效对科研项目的进度和质量有重要影响。运用因果推断法中的随机对照实验，将不同科研项目随机分为两组，一组采用优化后的科研管理流程，如简化申报材料和审批程序、利用信息化手段跟踪项目进展、缩减中间节点等，另一组采用传统流程，对比两个项目的研究完成情况、成果产出、经费支出等指标，明确科研管理流程优化对科研效率和质量提升的因果关系，推动科研管理流程的持续改进。

4. 限制条件设置

因果推断法可以用于支撑科研管理制度中一些限制条件的设置。例如，在项目申报条件上，因果推断法可以帮助管理者分析科研人员学历、年龄、职称、科研经验等资质要求与项目成功率、创新性和科研质量之间的因果关系，从而判断申报条件设置是否合理；在项目验收上，因果推断法可以通过分析不同验收标准（如论文数量、专利数量等）对项目成果的实际影响，确保验收条件能真正实现项目研究的目的，避免重数量、轻质量的不良后果。

在经费使用规则上,因果推断法可以通过分析限制经费使用范围、回收规定对科研产出和经费使用效率的影响,避免资源浪费或滥用。

2.3 科研管理制度建模分析的关键点

使用因果推断法进行科研管理制度分析的基本思路是:依据科研管理特点、要求和实际情况数据,将各项管理措施与所有可能的管理效果关联起来,形成因果关系草图;再利用科研项目统计数据,采用因果推断技术,对因果相关性进行识别、评估,分析管理措施在不同烈度时的因果效应,形成密切相关因果链,进而判断措施的有效性和灵敏度。所谓"灵敏度",是指措施烈度变化幅度对管理效果产生影响的大小,能够更深刻地反映措施的有效性。

该方法有如下关键点。

1. 措施与效果因果草图构建

管理措施与管理效果的因果草图使用有向无环图来构建。按照管理学一般经验,一项管理措施可能会对多个管理效果产生影响,不同管理效果之间也可能存在因果关系,因此借助专家经验判断构建的因果草图应是一个包含管理措施、中间效果、最终效果的有向无环图,如图2-1所示。

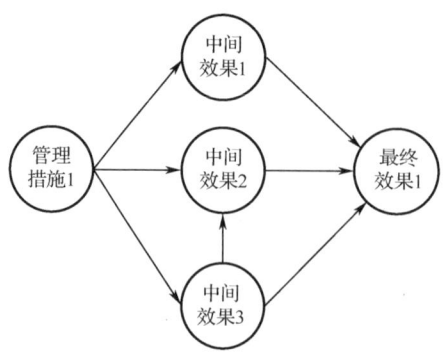

图 2-1　管理措施与管理效果因果草图

2. 措施与效果因果关系识别

依据已建立的因果草图,得出因果推断数据集的数据抽取格式,基于该数据抽取格式完成因果推断数据集制作(如表 2-1 所示);再使用合适的因果推断法(D-分离等方法)计算每个因果关系对的条件概率[如图2-2(a)

所示], 将条件概率与因果关系阈值门限相比后, 判断因果关系对是否成立, 进行因果图更新, 完成因果关系的识别 [如图 2-2（b）所示]。

表 2-1　因果推断数据集的数据抽取格式

数 据 序 号	管理措施1 （连续变量）	中间效果1 （二值变量）	中间效果2 （布尔变量）	中间效果3 （离散变量）	最终效果1 （二值变量）
1					
2					
……	……	……	……	……	……

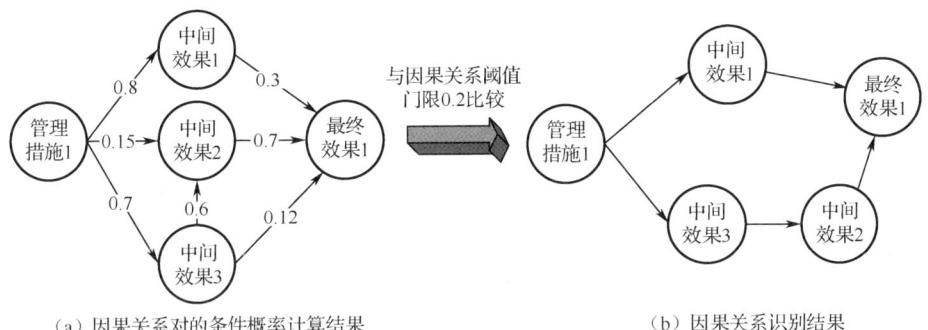

(a) 因果关系对的条件概率计算结果　　　　　　(b) 因果关系识别结果

图 2-2　因果关系识别过程示意图

3. 措施与效果因果关系评估

基于因果关系识别结果, 使用成熟的因果关系评估算法（倾向分层、后门准层、工具变量等算法）, 针对每个因果对进行因果效应评估, 计算因果效应值和用于判断因果效应是否显著的检验 P 值（如表 2-2 所示）, 并更新得到标有因果效应值的管理措施与管理效果的因果效应评估结果（如图 2-3 所示）。

表 2-2　因果效应值结果示意

因　变　量	果　变　量	因果效应值	检验 P 值
管理措施1	中间效果1	0.798	0.8
管理措施1	中间效果3	0.705	0.7
中间效果3	中间效果2	0.621	0.9
中间效果1	最终效果1	0.246	0.78
中间效果2	最终效果1	0.756	0.7

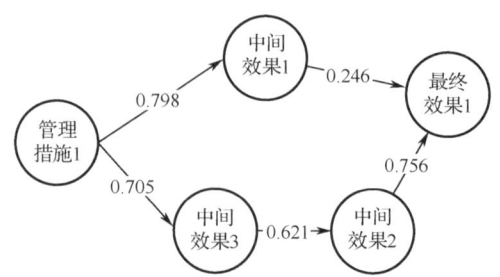

图 2-3 因果效应评估结果示意图

因果效应的评估结果能够从统计学角度很好地表征管理措施与管理效果之间的影响关系。

当因果效应值大于 0 时，表示管理措施对管理效果是正向影响关系；

当因果效应值小于 0 时，表示管理措施对管理效果是负向影响关系；

因果效应值越接近+1，管理措施对管理效果的正向影响越强烈；

因果效应值越接近-1，管理措施对管理效果的负向影响越强烈；

当因果效应值接近 0 时，表示管理措施对管理效果的影响很微弱，该管理措施烈度的调整很难产生预定理想效果。

4. 措施与效果因果关系验证

在完成因果效应评估之后，对已得到的措施与效果之间的因果关系进行验证，即人为设置（改变）管理措施的不同烈度，通过反事实推断方法（数据子集验证、安慰剂验证等算法）分析管理效果的有效性。

2.4 科研管理制度建模分析的详细流程

科研管理制度建模分析就是对管理措施和关注效果之间的关系进行定量分析，但是科研管理措施多数为定性的语言描述，因此首先需要将非结构化的语言描述转化为可定量描述的变量实体（人工或半自动地从条文中抽取变量实体），并对变量实体进行归类（将实体进行概念的归类，例如，将实体划分到具体的制度章节或者措施效果），对变量实体之间的关系进行标注（利用相关分析确定变量之间的关系）。因此，建模分析的第一步就是构建科研管理知识图谱。

找到可量化的变量实体后,需要对变量关系进行建模,因此需要在科研管理制度知识图谱的辅助下,再结合专家的知识完成科研管理制度关系草图的绘制;而为了实现定量分析,需要在绘制因果草图的基础上进行历史项目数据的采集;在数据基础上,进一步验证因果草图的正确性,剔除非因果关系,这就是因果关系的识别,从而构建出精确的科研管理措施因果关系图;有了准确的关系模型和数据支撑,需要利用因果效应评估相关算法实现因果关系的评估。在应用准确的因果关系建模结果前,需要再进一步验证因果关系的构建和因果效应值是否准确,这里需要应用反事实推断相关算法;最后为了便于分析和理解,需要将建模分析的结果通过图或表的方式展示,从而为科研管理制度的制定、调整和优化提供支撑。

综上,可以将科研管理制度建模分析流程划分为以下 7 个步骤,如图 2-4 所示。

(1)科研管理制度知识图谱构建。通过构建科研管理制度知识图谱,抽取可量化的变量作为实体,将实体进行概念的归类(包含措施效果与因果变量实体之间关联分类)以及实体关系的确立。

(2)科研管理制度因果关系草图绘制。将措施效果相关联的因变量作为初始输入,结合专家知识,从因果变量库中选择合适的因果变量完成因果草图的绘制。

(3)因果变量数据采集。根据因果草图中的因果变量完成变量样本数据的采集。

(4)科研管理制度因果关系识别。利用因果关系识别相关模型,完成因果草图的因果关系识别和更新。

(5)科研管理制度因果关系评估。利用因果效应评估相关模型,完成因果草图中所有因果关系的评估和检验。

(6)科研管理制度反事实推断。利用反事实推断模型,完成因果图中所有因果关系正确性的检验。

(7)科研管理制度建模分析结果展示。输出因果关系路径图、因果变量的量化决策树,辅助专家验证科研管理法规制度的有效性,评估制度条款中措施手段更新必要性,制定最优的限制约束条件。

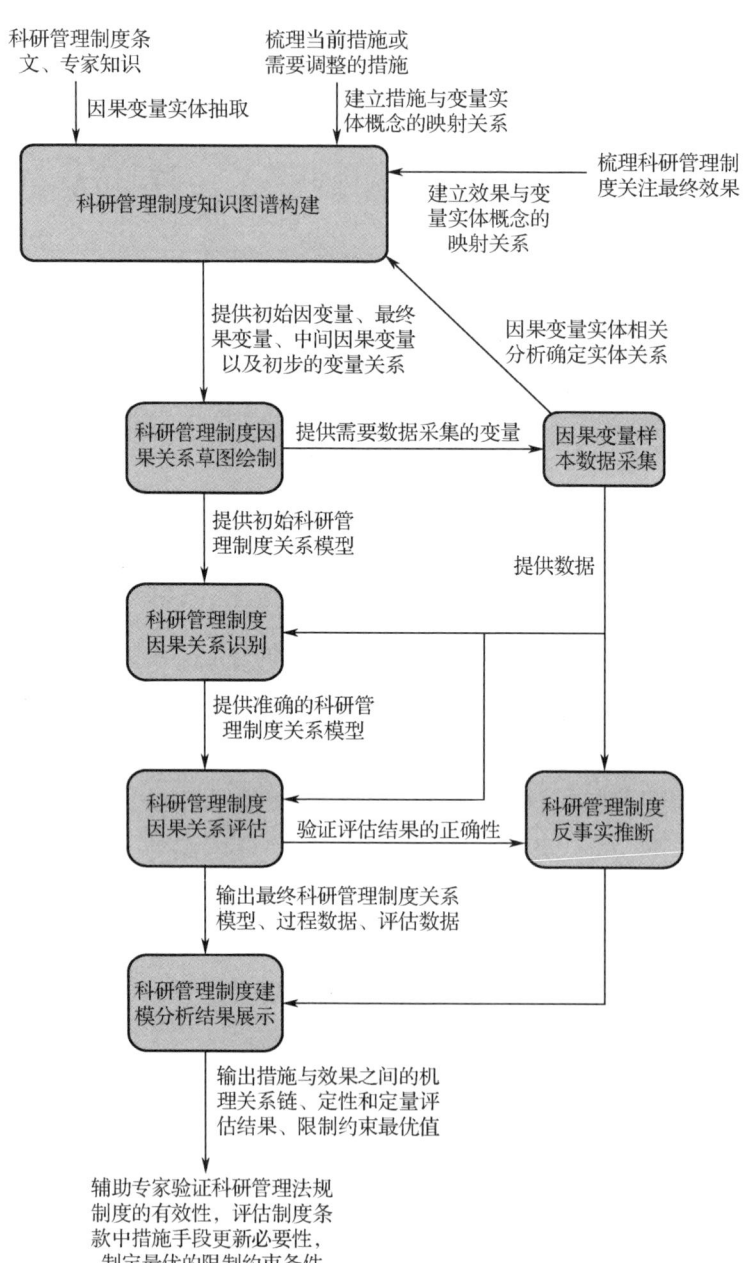

图 2-4 科研管理制度建模分析过程

下面对这 7 个步骤分别进行详细介绍。

2.4.1 知识图谱的构建

科研管理制度建模分析的第一步,需要完成科研管理制度知识图谱的构建。知识图谱作为一种知识表示形式,包含实体(Entity)、概念(Concept)及其之间的各种语义关系。科研管理制度知识图谱的构建过程主要有 3 个步骤,如图 2-5 所示,分别为因果变量实体抽取、因果变量实体分类和因果变量实体关系构建。

图 2-5 科研管理制度知识图谱的构建过程

1. 知识图谱因果变量实体抽取与审核

因果变量实体的获取来源主要有历史和现有的科研管理制度、国内外相关领域的科研管理制度、专家知识。科研管理制度的阐述是从易于概念理解的角度出发,而不是从利于数据分析的角度出发,因此制度条款中的词无法直接作为因果变量实体,例如,条款内容片段"主要内容包括计划执行总体情况、年度任务和目标完成情况、能力水平,项目进展、完成、验收情况,成果转化应用情况,问题和建议",需经专家根据领域知识抽取可量化的实体词。上述条款内容中可量化的实体词有"计划执行总体情况""目标完成情况""项目完成情况""项目验收情况""成果转化应用"等,这些实体词同样无法直接作为因果变量词来使用,还需要考虑现实情况可采集的数据,将上述量化实体词转化、扩展为因果变量名。例如,可将上述量化实体词转化为"年度计划执行率""年度计划完成率""项目内容完成率""年度项目通过率""年度项目延期率""项目成果转化率""项目成果推广单位数量"等因果变量名。

因果变量实体抽取的方法主要以专家人工抽取为主,以半自动抽取为辅。因果变量实体半自动抽取是指,首先运用基于深度学习的命名实体识别(Named Entity Recognition,NER)框架,从制度条文中抽取所有的实体词,然后专家对抽取的实体词进行人工审核,将可量化的实体词保留转化,生成因果变量实体。

2. 因果变量实体的概念分类

科研管理制度知识图谱的概念主要有两大类,一类是根据语义相似程度的分类,如对应到科研管理的主要章条标题,定义为语义分类概念簇;另一类是因果变量实体与措施或效果的映射关系,定义为措施效果概念簇。

(1)语义分类概念簇。将科研管理制度中的因果变量实体抽取后,由专家按照语义相似程度,将科研管理制度的因果变量类型概念梳理出 6 个大类、13 个小类,具体如表 2-3 所示。

表 2-3 科研管理制度知识图谱概念层级关系因果变量类型梳理

概念划分大类	概念划分小类
总体要求	项目分级
	承担单位
规划计划管理	规划、指南的编制
	年度计划
	五年规划
项目管理	项目申报
	项目实施过程管理
	项目验收
经费管理	经费使用原则
成果管理	成果交流共享
	成果转化
奖励与处罚	奖惩对象和方式
	人才激励

然后,将因果变量实体进行人工概念分类,目的是便于因果变量实体的理解和管理。以某科研管理规章第九章条款为例,共抽取实体词 87 个,经

专家审核后，其中 13 个为可量化的实体词，按照划定的 13 个类别对通过专家审核的可量化实体词进行概念归类，结果如表 2-4 所示。

表 2-4　某科研管理规章条款因果变量实体概念归类情况

划 分 大 类	划 分 小 类	生成的因果变量
总体要求	项目分级	
	承担单位	
规划计划管理	规划、指南的编制	
	年度计划	
	五年规划	
项目管理	项目申报	年度负责人申报与未完成项目数量
	项目实施过程管理	项目里程碑考核次数
		项目里程碑考核内容
		项目里程碑考核是否通过
	项目验收	项目内容完成率
		项目经费执行率
		项目经费结余率
		年度项目通过率
		年度项目延期率
		项目延期月数
经费管理	经费使用原则	项目自主经费比例
		年度承担单位自主经费占比
		项目绩效经费等级
成果管理	成果交流共享	项目成果完好率
	成果转化	项目成果转化率
		项目成果推广单位数量
		项目支撑论文数量
		项目支撑专著数量
		项目支撑专利数量
		年度项目对工业装备体系建设贡献率
奖励与处罚	奖惩对象和方式	
	人才激励	

（2）措施效果概念簇。验证现有规章条文中的措施手段是否对所关注效果产生了较好的正向影响，以及评估措施的变动对关注效果所带来的影响，这些验证和评估的需求往往是开展科研管理制度建模分析的前提。通过抽取

因果变量实体，措施效果的量化工作已经完成，接着就需要建立实体与措施效果概念的归类映射。

措施手段以调整项目申报指南审查对象范围、调整项目分级数量比例、调整项目验收方式为例，关注效果以"年度计划合理、项目质量保证、成果推广有力"为例，进行措施效果的概念归类，如表2-5所示。

表 2-5 部分实体的措施效果概念归类

措 施 效 果	映射因果变量
调整项目申报指南审查对象范围	政府参与项目指南审核与否
调整项目分级数量比例	重点项目比例
调整项目验收方式	项目验收类型
调整负责人项目总数	单人承担项目
年度计划合理	项目完成率、项目优秀率、项目延期率、项目平均经费执行率
项目质量保证	项目优秀率、项目经费执行率、项目延期率
成果推广有力	成果转化率、项目支撑论文数量、项目支撑专著数量、项目支撑专利数量、工业装备体系建设贡献率

3. 因果变量实体关系的构建

因果变量实体的关系可以通过因果变量相关分析来确定，如果相关性大于设定的阈值，则标记两个实体词存在关联关系。

相关性分析一般指"皮尔逊（Pearson）两变量相关性分析"。皮尔逊相关系数也称皮尔逊积矩相关系数，是一种线性相关系数，是用来反映两个变量线性相关程度的统计量。相关系数用 r 表示，其中 n 为样本量，r 描述的是两个变量间线性相关强弱的程度，r 的绝对值越大表明相关性越强。

两个变量之间的皮尔逊相关系数定义为两个变量之间的协方差和标准差的商：

$$\rho_{X,Y} = \frac{\text{cov}(X,Y)}{\sigma_X \sigma_Y} = \frac{E[(X-\mu_X)(Y-\mu_Y)]}{\sigma_X \sigma_Y}$$

上式定义了总体相关系数，常用希腊小写字母 ρ 作为代表符号。估算样本的协方差和标准差，可得到样本的相关系数（样本皮尔逊系数），常用英文小写字母 r 表示：

$$r = \frac{\sum_{i=1}^{n}(X_i - \bar{X})(Y_i - \bar{Y})}{\sqrt{\sum_{i=1}^{n}(X_i - \bar{X})^2}\sqrt{\sum_{i=1}^{n}(Y_i - \bar{Y})^2}}$$

最终构建的科研管理制度知识图谱实例如图 2-6 所示。

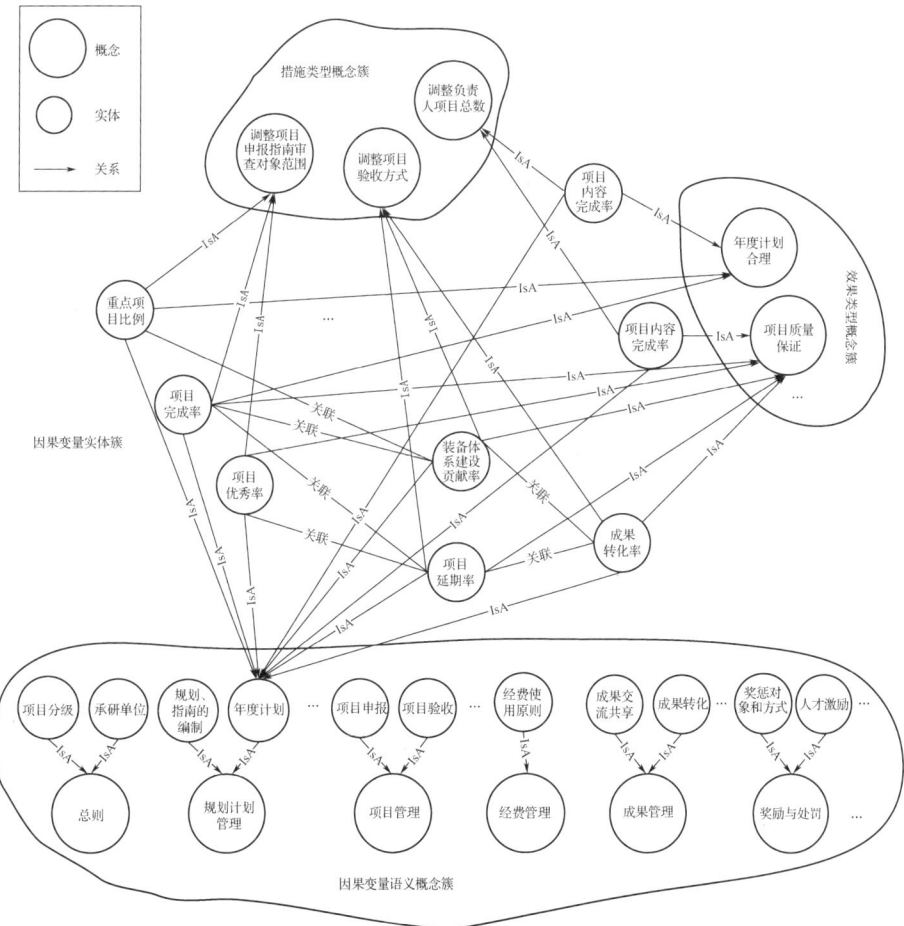

图 2-6　科研管理制度知识图谱实例

2.4.2　因果关系草图绘制

科研管理制度建模以当前措施或者措施调整以及关注效果作为输入，将对应措施相关联的因果变量作为初始因变量，将关注效果相关联的因果变量作为最终果变量；然后从因果变量库中选择可能存在因果关系的中间变量添加到关系草图中。中间因果变量的选择有两种方式：一种是专家人工选择添加；另一种是利用历史数据进行相关分析选择变量添加。最后专家根据实践经验完成多个变量节点的因果关系的确定与绘制。

科研管理制度关系草图绘制流程如图2-7所示。以分析调整项目验收方式与项目质量保证之间的关系进行建模为例，措施"调整项目验收方式"的映射初始因变量为"项目验收类型"，关注效果"项目质量保证"的映射最终果变量为"项目优秀率""项目经费执行率"和"项目延期率"。将上述初始因变量和最终果变量添加到关系草图中，专家根据多年经验，将"中期考核次数""项目绩效占比"和"单人承担多个项目及个数"等中间因果变量添加到关系草图中，然后再将可能存在因果关系的节点之间进行连接，完成关系草图的绘制，如图2-8所示。

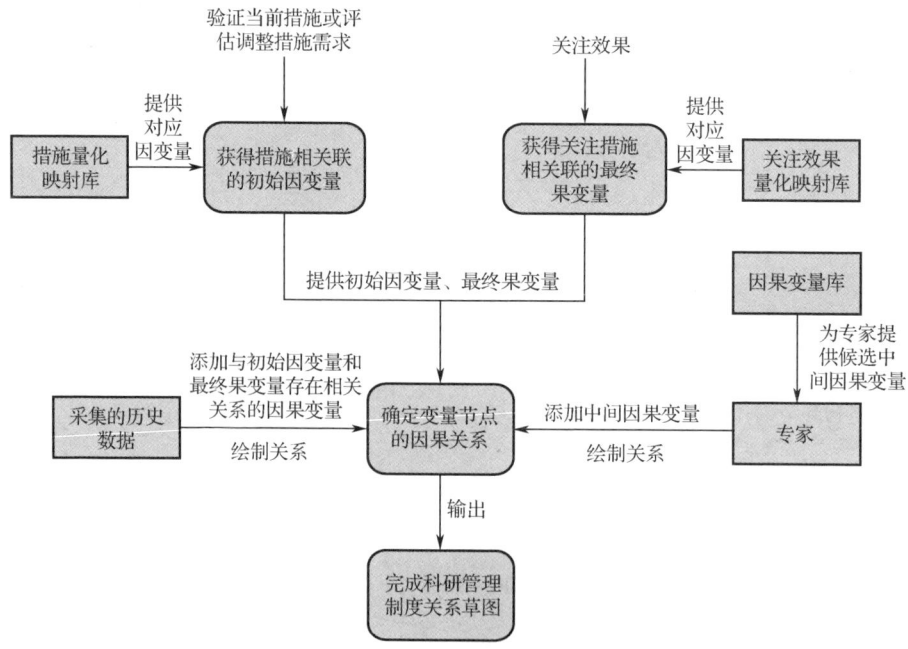

图2-7 科研管理制度关系草图绘制流程

第 2 章 基于因果推断法的科研管理制度建模分析概貌

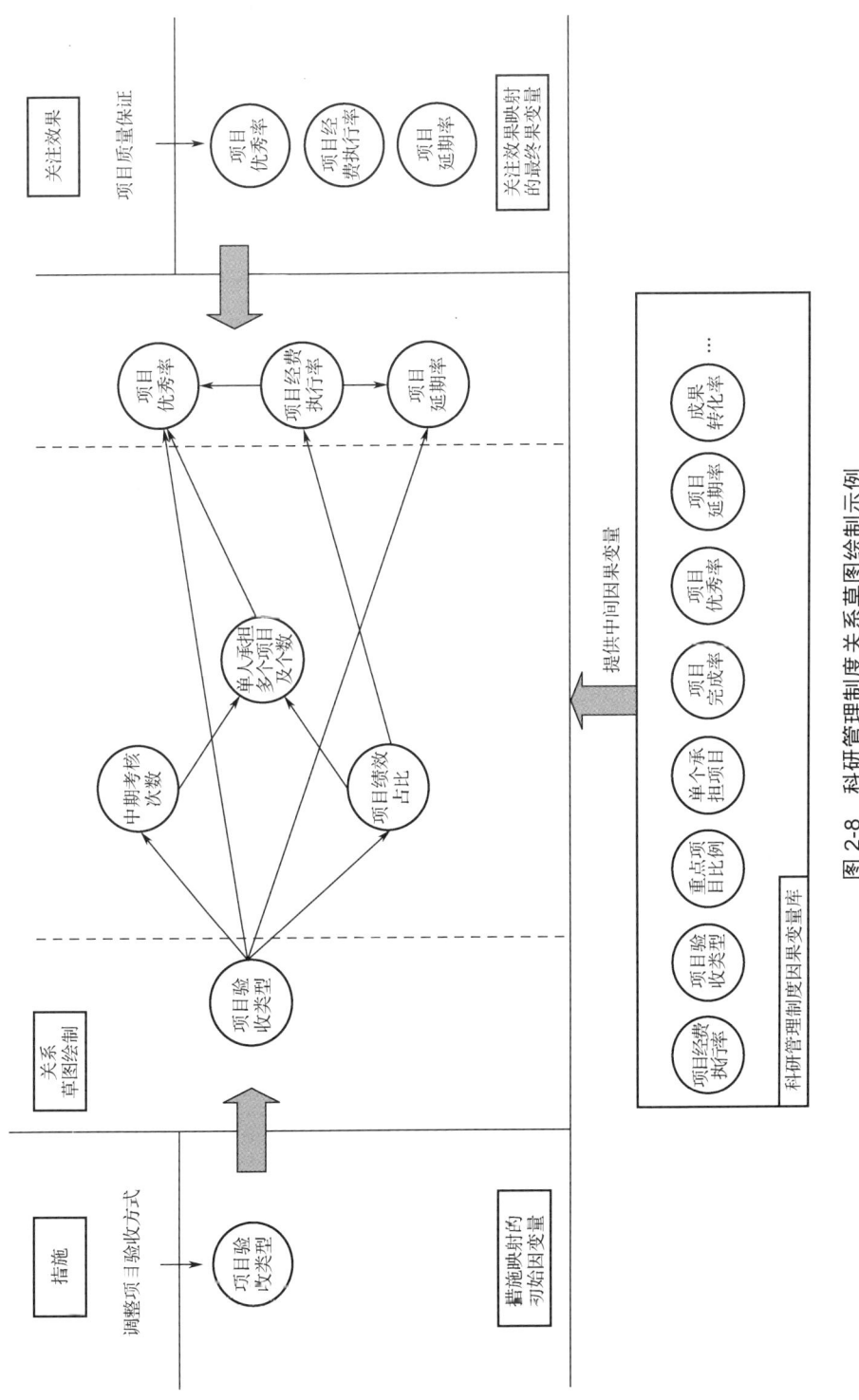

图 2-8 科研管理制度关系草图绘制示例

2.4.3 因果变量数据采集

绘制完成科研管理制度关系草图后,得到可量化的因果变量组成,并生成相关数据采集表,如表2-6所示,再由专家从实际科研管理数据抽取对应的因果变量样本数据构成相应的数据集。

表2-6 因果变量采集表

样本序号	变量						
	项目验收类型	单人承担多个项目及个数	项目绩效占比	中期考核次数	项目优秀率	项目经费执行率	项目延期率
1	0	3	15%	0	60%	70%	10%
2	1	2	30%	0	80%	75%	15%
3	0	1	15%	0	70%	80%	5%
4	1	1	30%	0	75%	85%	10%
…	…	…	…	…	…	…	…

2.4.4 因果关系识别

因果关系识别,是根据绘制的关系草图和采集到的因果变量数据,去判断因果关系是否成立。因果关系识别方法主要有两大类:基于图论准则(Graph-Based Criteria)和Do演算(Do-Calculus)。

1. 基于图论准则

基于图论准则以图论为基础,用节点表示变量,用边表示变量之间的关系,通过构建因果图来直观地表示变量之间的因果结构。图中的有向边表示因果关系的方向,例如,从变量 X 指向变量 Y 的边表示 X 是 Y 的直接原因。通过分析因果图的结构和特征,可以制定相应的准则来判断变量之间是否存在因果关系以及因果关系的性质。

因果关系识别中,最常见的基于图论准则是 D-分离(D-Separation)准则。其核心思想是通过分析图中变量之间的路径是否被"阻断"来判断变量之间的独立性或条件独立性,进而推断因果关系。如果两个变量 X 和 Y 之间的所有路径都被一组观测变量 Z 阻断,那么在给定 Z 的条件下,X 和 Y 是 D-分离的,即 X 和 Y 在给定 Z 时条件独立,可认为 X 和 Y 之间不存在直接因果关系。

2. Do 演算

Do 演算是一种在因果推断中用于处理干预和识别因果关系的重要工具，主要包含三个核心规则：①当变量 Z 与 Y 无关时，Y 的概率分布不随 Z 变化；②如果 Z 阻断了从 X 到 Y 的所有后门路径，$Do(X)$ 等同于 $See(X)$；③若 X 到 Y 无因果路径，$Do(X)$ 操作可省略。这些规则可以帮助我们在复杂系统中识别和量化因果效应。

2.4.5 因果关系评估

因果关系评估是基于因果关系模型和关系识别，通过观测到的数据评估一个或多个因变量和果变量之间的量化关系，并检验因果效应量化值的统计显著性。因果效应评估方法主要有两大类：基于后门准则（Back-Door Criterion）和基于工具变量（Instrumental Variables）。

1. 后门准则

在观测性研究中，由于无法像随机对照实验那样通过随机分配来控制混杂因素，变量之间可能存在多种关联路径，其中一些非因果路径会干扰对因果效应的估计。后门准则的核心思想就是通过识别和控制合适的变量集合，将非因果关联（通过后门路径产生的关联）与因果关联分离开来，从而得到变量之间的真实因果效应。

给定一个因果图，对于变量 X 和 Y，后门准则要求找到一组变量 Z，使得 Z 满足两个条件：一是 Z 中没有 X 的后代节点；二是 Z 阻断了所有从 X 到 Y 的后门路径，即所有以指向 X 的边为起始的路径。满足后门准则的 Z 可以用于校正混杂偏倚，从而准确地估计 X 对 Y 的因果效应。

2. 工具变量

工具变量是一种与内生解释变量相关，但与误差项不相关的变量。在因果关系评估中，当存在内生性问题，即解释变量与误差项相关时，普通最小二乘法（OLS）等传统估计方法会产生有偏和不一致的估计结果。而工具变量的作用就是通过利用其与内生解释变量的相关性，以及与误差项的不相关性，来分离出内生解释变量中与误差项不相关的部分，从而得到因果效应的一致估计。

2.4.6 反事实推断

反事实推断是指对于一个因果关系,将因变量进行否定后重新表征果变量结果,用以检验因果关系的正确性。通俗的说,就是在实际情况中,我们能观察到已经发生的事实,反事实推断是分析与事实不同的情况下会产生什么样的结果。比如,某科研机构出台了一项新的科研项目经费管理制度,规定项目经费的分配与科研人员上一年度发表的论文数量直接挂钩。制度实施一年后,该机构的论文发表数量有了显著提升。事实情况是在新的经费管理制度下,科研人员为了获取更多经费,将更多精力投入到论文发表中,使得论文发表数量从之前每年平均 500 篇提升到了 800 篇。那么反事实推断问题就是:如果没有实施这项新的科研项目经费管理制度,论文发表数量会是多少呢?

在很难通过随机对照实验来判断因果关系的时候,反事实推断尤其重要。它可以帮助决策者等理解事件背后真正的因果效应,以便更好地评估政策等干预措施的实际影响。

反事实推断方法主要有:添加随机混杂因子、安慰剂干预和数据子集验证等。

1. 添加随机混杂因子

添加随机混杂因子是在因果推断模型中引入一个或多个随机生成的变量,这些变量被设计为与处理变量和结果变量都相关,模拟真实世界中可能存在的未观测到的混杂因素,以便更准确地估计因果效应,纠正潜在的混杂偏差,使反事实推断结果更可靠。

2. 安慰剂干预

在反事实推断的框架下,我们关心的是某个干预对结果的因果效应。安慰剂干预是设计一种与真正的干预在外观、形式等方面相似,但不包含真正有效成分或不具备真正干预机制的"假干预"。其核心思想是,通过对比接受真正干预的组和接受安慰剂干预的组之间的结果差异,来分离出真正干预所带来的因果效应,排除其他因素(如心理作用、环境因素等)的干扰,从而更准确地估计反事实情况下的因果关系。

3. 数据子集验证

数据子集验证是从原始数据中选取不同的子集，运用反事实推断方法在这些子集上进行分析，通过比较不同子集上的推断结果，来检验反事实推断的稳定性、准确性和泛化能力，判断推断结果是否受到数据特定部分的影响，或在不同数据子集上能得到较为一致的结论。

2.4.7 建模分析结果展示

科研管理制度建模分析结果展示是将科研管理制度关系模型、关系评估数据、反事实推断数据和过程数据以表格和图形的方式进行展示。展示主要包括四个方面，分别为因果关系路径及因果效应展示、反事实推断结果展示、因果变量量化决策树展示和新老条款对比展示。其中，因果关系路径及因果效应展示、反事实推断结果展示主要展示措施与效果之间的机理关系链、定性和定量评估结果，验证科研管理法规制度的有效性；因果变量量化决策树展示给出各项限制约束的最优值；本节新老条款对比指的是现行条款与老条款对比，新老条款对比展示主要展示评估制度条款中措施手段的更新必要性。

下面以"调整负责人年度项目总数上限"措施为例，说明科研管理制度建模分析结果展示的内容，最终的因果图包含的因果变量为"中期考核次数""负责人同时负责项目数量""项目绩效经费等级""经费执行率""项目优秀率"。

1. 因果关系路径及因果效应展示

"调整负责人年度项目总数上限"的因果关系路径图结果如图 2-9 所示，图中既展示了因果关系链，同时也展示了因果的效应值。从图 2-9 中可知，"中期考核次数""项目绩效经费等级""经费执行率"与"项目优秀率"具有明显的因果关系。通过表 2-7 也能获得同样的信息，还能获得因果效应的检验 P 值，即验证因果效应值的可信度。

2. 反事实推断结果展示

以"项目绩效经费等级"→"项目优秀率"这一因果关系进行反事实推断，采用数据子集验证，从 100 个样本中随机抽取 20 个样本，计算因果效应值为 0.85，与原始因果效应值相比差距不大，结果如表 2-8 所示。由此验证了"项目绩效经费等级"→"项目优秀率"这一因果关系的正确性。

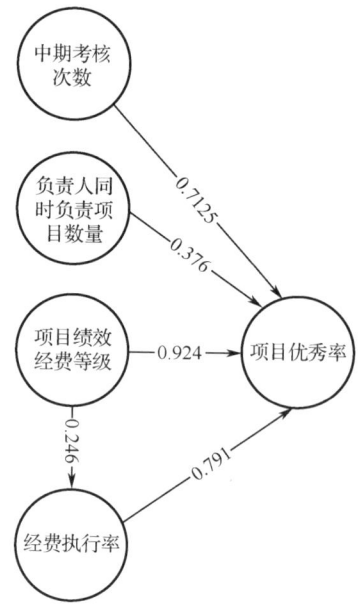

图 2-9　因果关系路径图结果示例

表 2-7　因果效应值结果示例

因 变 量	果 变 量	因果效应值	检验 P 值
中期考核次数	项目优秀率	0.7125	0.8
负责人同时负责项目数量	项目优秀率	0.376	0.7
项目绩效经费等级	项目优秀率	0.924	0.9
经费执行率	项目优秀率	0.791	0.78
项目绩效经费等级	经费执行率	0.246	0.7

表 2-8　反事实推断结果

样　本	参　数　项		
	因 变 量	果 变 量	因果效应值
全 100 个样本	项目绩效占比	项目优秀率	0.924
随机 20 个样本	项目绩效占比	项目优秀率	0.85

3. 因果变量量化决策树展示

根据上述建模分析的中间结果，生成因果决策路径图如图 2-10 所示。

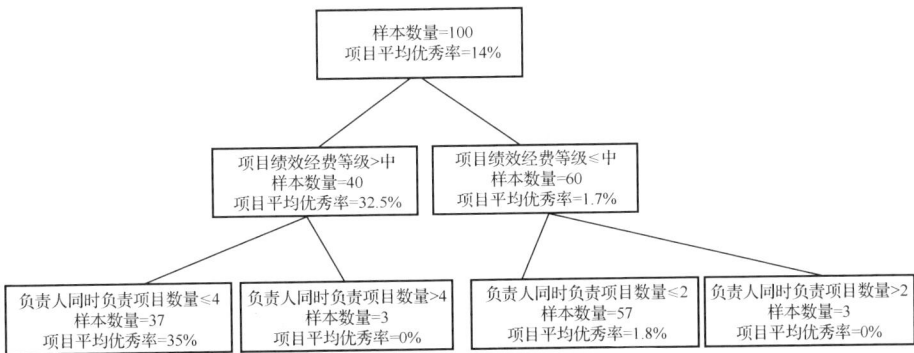

图 2-10 案例因果决策路径图

从图 2-10 所示结果可得到如下结论：

（1）项目绩效经费等级大于中（>中）时，所属的项目平均优秀率超过了 30%，因此规章中设置限制约束"项目绩效经费等级"不应当低于中。

（2）在项目绩效经费等级大于中（>中）时，当负责人同时负责项目数量超过 4 个（>4）后，项目优秀率明显低于单人承担项目在 4 个以内（≤4）；在项目绩效经费等级在中以下（≤中）时，当负责人同时负责项目数量超过 2 个后（>2），项目优秀率明显低于单人承担项目在 2 个以内（≤2）。这说明在没有特殊情况下，规章中设置限制约束"负责人同时负责项目数量"还是不宜过多，最好不超过 4 个。

4．新老条款对比展示

对比某科研管理规章 2021 年版和 2023 年版，关于"调整负责人年度项目总数上限"的因果决策路径图对比，如图 2-11 所示，有一处不同，即 2023 年版中出现了关于"鼓励专业咨询组成员担任负责人"的描述，经因果分析发现大多数的项目负责人均为专业咨询组成员，且同时负责 2 个项目以上的负责人均为专业咨询组成员，而且属于专业咨询组成员的负责人的项目更容易获得优秀评价。关于"调整负责人年度项目总数上限"的因果决策路径图对比，其中 2021 年版为 1 个，2023 年版为 2 个，调整因果决策路径图如图 2-12 所示。其中，提高个人承担项目数量，对项目优秀率的影响很小。面对科研经费规模和科研项目数量逐年增加的情况，适量提高个人承担最大项目数量既能保证科研任务，也不会降低项目的优秀率。通过对比分析，不但能加深对科研管理制度内在制约因素和机理的认识，也能验证设置限制约束的有效性。

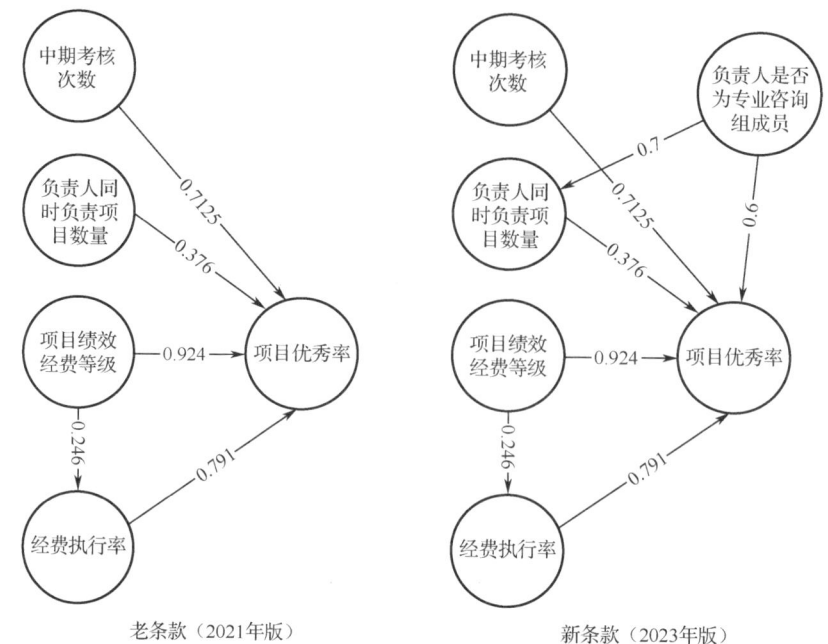

图 2-11 案例新老法规因果决策路径图对比

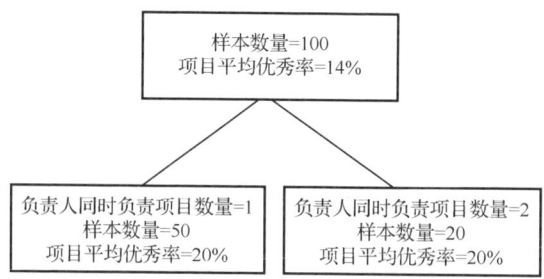

图 2-12 调整因果决策路径图

第 3 章
基于因果推断法的科研管理制度建模分析模型

3.1 模型架构

本节详细介绍基于因果推断法的科研管理制度建模分析模型,为因果变量抽取、因果关系识别、因果效应评估、反事实推断、分析结果展示等环节提供可靠的、匹配的模型算法支撑。

3.1.1 架构组成

模型总体架构包括数据交换层和分析模型支撑层,如图 3-1 所示。

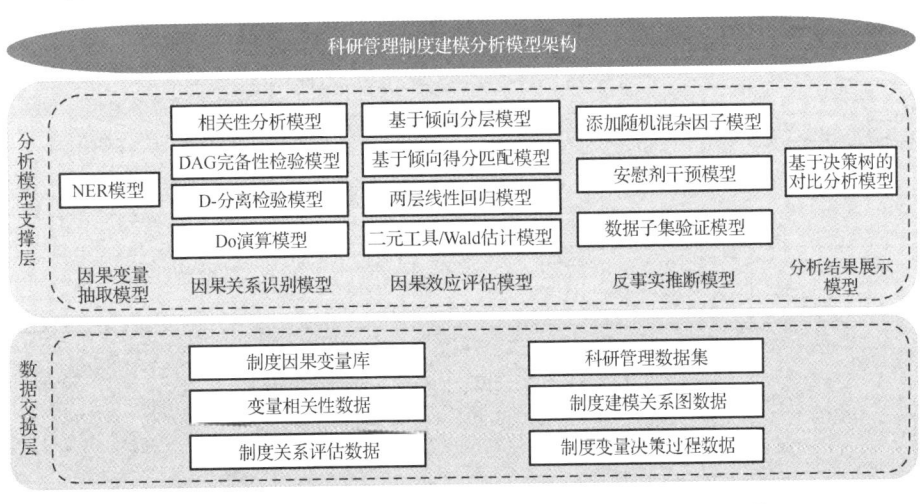

图 3-1 基于因果推断法的科研管理制度建模分析模型架构

(1)数据交换层。该层主要对建模分析模型所需的原始输入、产生的过程数据和输出的结果数据进行统一规范管理。主要包括制度因果变量库、科研管理数据集、变量相关性数据、制度建模关系图数据、制度关系评估数据和制度变量决策过程数据。该层为科研管理制度因果关系图绘制、因果关系识别、因果关系评估、因果关系反事实推断以及建模分析结果展示等过程提供数据的输入存储和输出调用接口，实现对科研管理制度建模分析所需要的相关数据资源的全生命周期服务。

（2）分析模型支撑层。该层提供分析模型计算引擎和调用接口，有效支撑科研管理制度建模分析过程的实现。主要包括：因果变量抽取模型，如基于 BERT+BiLSTM+CRF 的命名实体识别（NER）模型等；因果关系识别模型，如相关性分析模型、有向无环图（Directed Acyclic Graph，DAG）完备性检验模型、D-分离检验模型、Do 演算模型等；因果效应评估模型，如基于倾向分层模型、基于倾向得分匹配模型、两层线性回归模型、二元工具/Wald 估计模型等；反事实推断模型，如添加随机混杂因子模型、安慰剂干预模型、数据子集验证模型等；分析结果展示模型，如基于决策树的对比分析模型等。

3.1.2 主要模型介绍

主要涉及 14 个模型，每个模型的概况及其适用性如表 3-1 所示。

表 3-1 模型概况及其适用性

模型名称	概况	适用性
基于 BERT+BiLSTM+CRF 的 NER 模型	首先，使用 BERT 模型获取字向量文本重要特征；其次，通过 BiLSTM 深度学习上下文特征信息，进行命名实体识别；最后，结合 CRF 中的状态转移矩阵，根据 BiLSTM 模型的预测输出序列求出使得目标函数最优化的序列	能学习到隐藏在文本中更加复杂隐晦的特征，能够自动地探索隐藏的语义，更加精确地完成实体词的抽取
DAG 完备性检验模型	对因果草图开展检验，对于因果图中任意一对变量，必须存在一个有向路径将它们连接起来	适用于任何类型的图，检测是否满足 DAG 完备性要求
D-分离检验模型	采用贝叶斯网络模型的 D-分离的 Z 阻断理论，结合变量的相关性分析，验证因果图中任意两个变量是否独立，去除错误的因果关系链，输出正确的因果关系图	适用于已经满足 DAG 完备性要求的图，用于去除相互独立的变量之间因果链
Do 演算模型	由三条规则构成的变量控制的因果关系识别方法，可以将包含干预变量和观测变量的概率分布表达式进行转化，可以自动、高速地去识别一个因果模型	适用于解决无法根据前门准则和后门准则验证的因果图

续表

模型名称	概 况	适 用 性
基于倾向分层模型	在倾向性评分的基础上，将所有样本按照倾向性评分大小分为若干层，通过比较层内组间倾向性评分的均衡性来检验所选定的层数是否合理，同时移除那些两组倾向性评分分布偏离较大的层数，采用剩下层数中的样本重新计算因果效应值	适用于偏倚和混杂变量较少的情况。将样本分层，层内样本的相似度会增大，层间样本的相似度会减少，从而控制混杂变量的影响
基于倾向得分匹配模型	将处理组和对照组中倾向性评分接近的样本进行匹配后得到匹配群体，再在匹配群体中计算因果效应。对于每一个处理组的样本，从对照组选取与其倾向评分最接近的所有样本，并从中随机抽取一个或多个作为匹配对象，未匹配上的样本则舍去	适用于偏倚和混杂变量较多的情况。将对混杂因素的控制转为对倾向值的控制，以达到"降维"和控制混杂偏倚的目的
两层线性回归模型	首先建立两个回归模型，一是以混淆变量 W 为自变量，以 T（代表原因变量）为因变量；二是以混淆变量 W 为自变量，以果变量 Y 为因变量。通过两个回归模型，获得 T 和 Y 的残差，以残差作为数据集，训练以 T 为自变量，Y 为因变量的回归模型来估计 T 对 Y 的因果效应	适用于待评估的因果变量之间相关性不高的情况
二元工具/Wald估计模型	通过引入一个工具变量 Z，计算混杂变量 W 观测不到的情况下 T 对 Y 的因果效应，当 Z 和 T 为二元变量时，T 对 Y 的因果效应值为 Z 为 0 和 1 时 T 的估计期望差值；当 Z 和 T 为连续变量时，T 对 Y 的因果效应值为 Y、Z 的协方差除以 T、Z 的协方差	适用于混杂变量无法观测即混杂变量没有数据的情况
添加随机混杂因子模型	对一个因果关系 T 对 Y，将一个与因变量 T 和果变量 Y 都相互独立的随机变量作为混杂因子添加到这个因果关系中，重新计算 T 对 Y 的因果效应，检验因果效应是否发生变化	适用于需要模拟潜在因素干扰的情况
安慰剂干预模型	对一个因果关系 T 对 Y，将一个与因变量都相互独立的随机变量 T' 替换 T，重新计算 T' 对 Y 的因果效应，检验因果效应是否发生变化	适用于明确区分有无某项干预措施导致的效果
数据子集验证模型	随机删除一部分数据，新的数据为原数据的一个随机子集，利用子集重新计算 T 对 Y 的因果效应，检验因果效应是否发生变化	适用于数据量较大且数据分布较为复杂的情况
基于决策树的对比分析模型	针对不同的果变量及其相关的因变量，构建决策树，直观展示数据分类过程	适用于新旧制度实施效果对比

3.1.3 外部信息交换关系

与外部信息交换的主要是模型架构的数据交换层，如图 3-2 所示，主要包含 11 类数据，具体如表 3-2 所示。

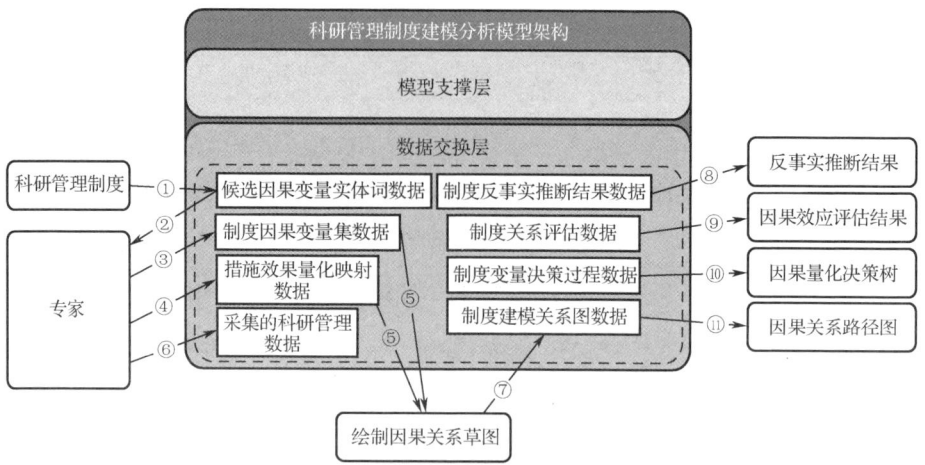

图 3-2 模型架构外部交换关系

表 3-2 模型架构与外部交换数据

数据名称	数据类型	交换关系	数据来源	数据作用
科研管理制度条款	长文本	输入	相关的科研管理制度文件	为因果变量抽取模型提供文本输入
抽取的候选因果变量实体词	短文本	输出	抽取模型产生的候选因果变量实体词数据	为专家生成可量化采集的制度因果变量集提供候选的实体词
因果变量名	短文本	输入	专家经验	构建制度因果变量库
制度措施效果与因果变量映射关系	关系数据	输入	专家经验	构建制度措施效果量化映射库
因果变量	短文本	输出	制度因果变量库和制度措施效果量化映射库	为专家绘制制度因果关系草图提供候选因果变量
因果图的采集数据	离散或连续数值矩阵	输入	管理部门	为制度因果关系识别和评估等模型提供训练数据集
因果关系草图	图数据	输入	制度因果关系草图绘制结果	为制度因果关系识别模型提供原始因果图
反事实推断结果	[0,1]连续数值	输出	制度反事实推断模型输出结果	为验证制度关系正确性提供数据支撑
因果变量关系评估值	[0,1]连续数值	输出	制度因果关系评估模型输出结果	为制度建模关系评估提供数据支撑
因果变量决策树	树结构数据	输出	制度因果关系评估模型输出结果	为制度中限制约束条件提供最优值
最终因果图	图数据	输出	因果关系评估模型输出结果	为制度因果关系机理分析提供因果路径图

3.1.4 内部信息交换关系

模型架构内部信息交换关系如图 3-3 所示,主要包含 6 类输入输出数据,具体如表 3-3 所示。

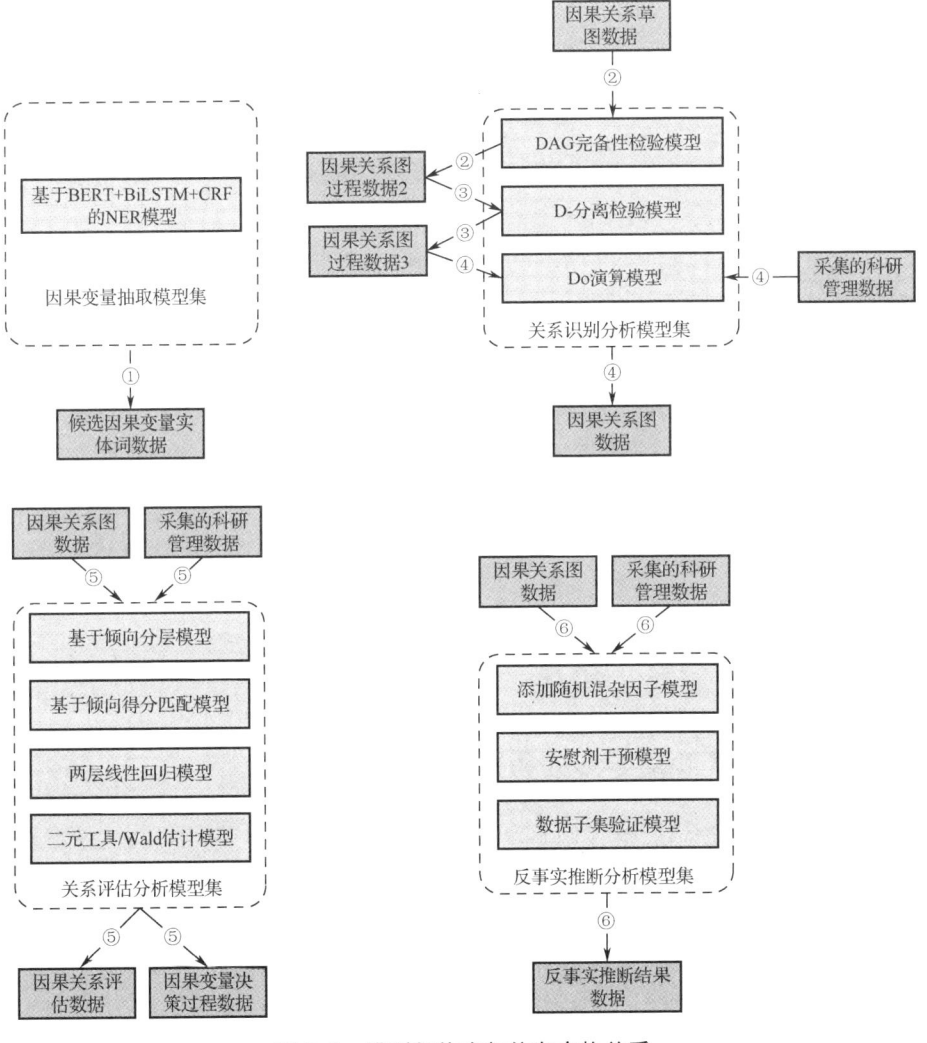

图 3-3 模型架构内部信息交换关系

表 3-3 模型架构内部交换数据

模型名称	数据输入	输入数据作用	数据输出	输出数据作用
基于 BERT+BiLSTM+CRF 的 NER 模型	外部数据—科研管理制度条款	为模型抽取因果变量实体词提供输入	候选的因果变量实体词	为专家构建制度因果变量库提供候选的因果变量

续表

模型名称	数据输入	输入数据作用	数据输出	输出数据作用
DAG 完备性检验模型	因果关系草图	为 DAG 完备性检验提供输入	过程因果关系图	为 D-分离检验提供输入
D-分离检验模型	过程因果关系图	为 D-分离检验提供输入	过程因果关系图	为 Do 演算提供输入
Do 演算模型	过程因果关系图、采集的科研管理数据	为 Do 演算提供输入	最终因果关系图	为制度因果关系机理分析提供因果路径图
基于倾向分层模型、基于倾向得分匹配模型、两层线性回归模型、二元工具/Wald 估计模型	最终因果关系图、采集的科研管理数据	为各种制度因果关系效应评估模型提供输入	制度因果关系评估值、制度因果变量决策过程数据	为制度建模关系评估提供数据支撑、为制度中限制约束条件提供最优值
添加随机混杂因子模型、安慰剂干预模型、数据子集验证模型	最终因果关系图、采集的科研管理数据	为各种制度反事实推断模型提供输入	制度反事实推断结果数据	为验证制度关系正确性提供数据支撑

下面详细介绍具体的因果变量抽取模型、因果效应识别模型、因果效应评估模型、反事实推断模型,以及用于分析结果展示的基于决策树的对比分析模型。

3.2 因果变量抽取模型

3.2.1 基于深度学习的因果变量抽取框架

基于因果推断法进行科研管理制度建模分析的第一步是从制度中抽取因果变量实体,进行因果变量实体关系的构建。目前常用的因果变量实体抽取方法是基于深度学习的命名实体识别(NER)框架,它是一套用于从文本中识别出命名实体(如人名、地名、组织名、时间、日期、百分比等)的系统性架构和方法集合。

图 3-4 是一个基于深度学习的 NER 框架,主要包含输入的分布式表示(Distributed Representation)、上下文编码器(Context Encoder)和标签解码器(Tag Decoder)三个模块。图中,B-PER 表示这个字符是实体的起始位置,I-PER 表示这个字符是实体的中间位置,E-PER 表示这个字符是实体的结束位置,O 表示对应的字符不是实体。

第3章 基于因果推断法的科研管理制度建模分析模型

经	费	执	行	率	低	于	70	%	且
B-PER	I-PER	I-PER	I-PER	E-PER	O	O	O	O	O
没	有	正	当	理	由	的	,	不	得
O	O	B-PER	I-PER	I-PER	E-PER	O	O	O	O
发	放	项	目	绩	效	。			
O	O	B-PER	I-PER	I-PER	E-PER				

图 3-4 基于深度学习的 NER 框架

1．输入的分布式表示

深度学习模型无法直接接收符号化文本作为输入，只能接收数值向量，因此，基于深度学习的 NER 方法首先需要将输入的句子表示成一组词向量或字向量。

（1）词向量。词是句子的基本组成单位，为了将句子表示成一组向量，一个简单的思路是将句子中的每个词表示成一组向量，再通过特征融合得到整个句子的向量表示。词向量往往通过无监督算法，如连续词袋（Continuous Bag-of-Words，CBOW）模型和跳字（Skip-Gram）模型等，并经过大量文本的预训练得到。在 NER 模型训练期间，可以使用预先训练的词向量作为初始输入，经过微调（Fine-Tuning）得到任务相关的词向量表示。常用的预训练词向量工具包括 Google Word2Vec、Stanford GloVe、Facebook fastText 和 Tencent AI Lab Embedding Corpus（腾讯 AI 实验室词向量语料库）。

（2）字向量。除了词向量外，另一种思路是将词中的每个字用向量表示，这样可以得到词向量难以表示的一些信息，如词中的前缀和后缀等字符信息，并且，字符级的向量能够很自然地处理词典外的词汇。比如，对于词典外的词语"和田河"，其词向量可以通过"和""田""河"三个字的字向量进行更合理的表示，而不是使用一个默认值。通常使用卷积神经网络和循环神经网络等模型提取字向量。字向量是词向量的重要补充，其在中文这一类表意文字上的应用往往能取得较好的效果。

2. 上下文编码器

基于深度学习的 NER 方法的第二个阶段是从输入表示中学习上下文编码器。上下文编码器有两种常用的模型结构：卷积神经网络和循环神经网络。

（1）卷积神经网络。卷积神经网络（Convolutional Neural Network，CNN）能够有效提取输入数据的局部特征。基于 CNN 的编码器一般以整个句子作为输入，一般使用一维卷积对句子进行特征提取，在输入表示学习阶段，已经将句子中的每个单词表达为向量，通常还会考虑单词在句子中的相对位置特征以增强单词的表示。CNN 首先使用一层卷积神经网络结构，在每个单词的周围提取局部特征，卷积窗口的大小决定了最大能够学习的单词或单词片段的长度；然后，进一步通过组合由卷积层提取的局部特征向量来构造全局特征向量。

（2）循环神经网络。循环神经网络（Recurrent Neural Network，RNN）的特点是，考虑了句子中前后字符之间的相互影响，循环神经网络及其变体，如门控循环单元（GRU）和长短期记忆网络（Long-Short-Term Memory，LSTM），在序列数据建模方面都取得了显著成效。特别是，双向循环神经网络（Bi-RNN）能从两个方向（正向和逆向）来处理一个句子，能够捕捉被单向 RNN 所忽略的模式，这种方式已经普遍应用于自然语言处理。

3. 标签解码器

标签解码器将经过编码的上下文表示作为输入并产生对应于输入句字的标签。下面介绍标签解码器的三种架构：全连接层+Softmax、条件随机场和循环神经网络。

（1）全连接层+Softmax。一些早期的 NER 模型使用"全连接层+Softmax"作为标签解码器，全连接层接收每个单词中间层向量表示，产生标签分值向量 $Y = (y_1, y_2, \cdots, y_i)$ 作为输出。Y 向量被输送到 Softmax 层，产生最终的标签概率分布。

在序列标注问题中，当前的预测标签不仅与当前的输入特征相关，还与前序输出的标签相关。比如，在正确的标签序列中，标签 I-PER 的前面应该是 B-PER 或 I-PER。全连接层+Softmax 作为标签解码器，将序列标注问题视作一个分类问题，独立地预测每个单词的标签，这可能会得到错误的预测结果，比如，产生标签 I-PER 前出现标签 O 的序列。因此，需要发展考虑标签之间关系的解码器。接下来介绍的 CRF 可以解决这个问题。

（2）条件随机场。条件随机场（Conditional Random Field，CRF）是一

类能够充分考虑输出标签之间关系的序列标注模型,其作为标签解码器已被广泛用于基于深度学习的 NER 模型,在 NER 问题上表现出了十分优异的性能。CRF 可以有效建模最终预测标签之间的约束关系,从而提高预测准确率。

(3)循环神经网络。循环神经网络也可用于解码,当将编码层的向量映射为标签序列,且实体类型的数量很大时,相比于其他的解码器,循环神经网络解码器可以训练得更快。

3.2.2 基于 BERT+BiLSTM+CRF 的因果变量抽取模型

基于 BERT+BiLSTM+CRF 的 NER 模型是一种非常有效的因果变量实体抽取模型,结合了多种技术优势。如图 3-5 所示,该方法包括 BERT、BiLSTM 和 CRF 三个模块,首先,使用来自 Transformer 的双向编码器表征(Bidirectional Encoder Representations from Transformers,BERT)模型生成高质量的词向量和字向量表示,通过预训练和微调的方式学习到文本的深度语义信息,并将其作为模型输入的初始分布式表示;然后,通过 BiLSTM(Bidirectional Long-Short-Term Memory,双向长短期记忆网络)对输入的序列进行双向处理,有效捕捉文本的上下文信息;最后,条件随机场(CRF)作为标签解码器,利用标签之间的转移概率,对 BiLSTM 输出的标签序列进行优化,输出准确的命名实体识别结果。

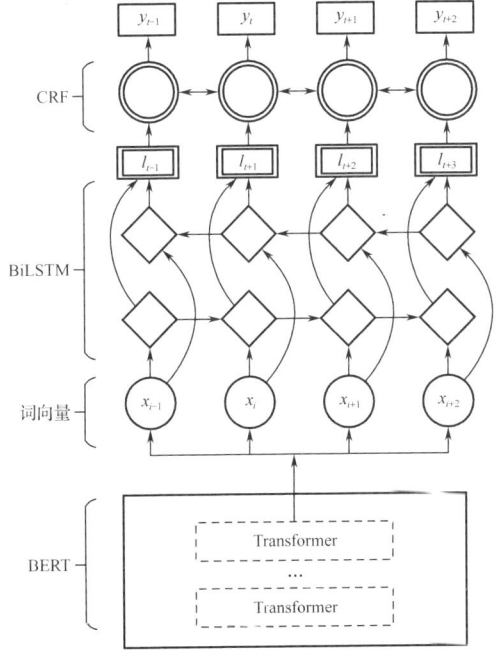

图 3-5 基于 BERT+BiLSTM+CRF 的 NER 模型

1. BERT 模型

BERT 是一种自然语言处理预训练语言表征模型，能够计算词语之间的相互关系，利用所计算的关系调节权重提取文本中的重要特征，利用自注意力机制的结构来进行预训练，并基于所有层融合左右两侧语境来预训练深度双向表征。比起以往的预训练模型，BERT 捕捉到的是真正意义上的上下文信息，并能够学习到连续文本片段之间的关系。

BERT 模型预训练结构图如图 3-6 所示。

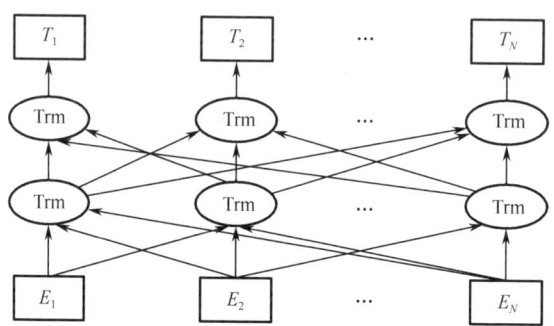

图 3-6　BERT 模型预训练结构图

图 3-6 中，Trm 表示自注意力机制（Transformer）编码转换器；$E_1, E_2, \cdots, E_N$ 表示模型的输入，为词向量；$T_1, T_2, \cdots, T_N$ 表示模型的输出。由于使用一般的语言模型不能很好地理解句子之间的关系，而在命名实体识别中句子之间的语义关系是非常重要的，所以 BERT 模型拼接句子 L 和 M，并预测 M 是否位于原始文本中 L 之后。语言模型的预训练在文本特征提取时，能解决一词多义问题，进而能够更好地完成命名实体识别的任务。

2. BiLSTM

长短期记忆网络（LSTM）是一种特殊的循环神经网络，能够解决传统循环神经网络（RNN）中的梯度消失和梯度爆炸问题，使网络能够更好地处理长序列数据。LSTM 主要由 3 个开关来控制单元的输入/输出。

（1）遗忘门。遗忘门（Forget Gate）决定了从细胞状态中保留或丢弃哪些信息。细胞状态也称单元状态，是贯穿整个时间序列的特殊记忆单元，负责在长距离传播中保持和更新关键信息。遗忘门以当前输入 X_t 和上一个时间步的隐藏状态 h_{t-1} 作为输入，通过一个 Sigmoid 函数（也称"S 型函数"或西格蒙德函数）得到一个介于 0 和 1 之间的数值。这个数值表示对上一个

单元状态 c_{t-1} 中每个元素的保留程度。例如，当遗忘门的输出为 0 时，表示完全丢弃对应的信息；输出为 1 时，表示完全保留。用公式表示为

$$f_t = \sigma(W_{fh} \cdot h_{t-1} + W_{fx} \cdot X_t + b_f)$$

式中：W_{fh} 对应输入项 h_{t-1}；W_{fx} 对应输入项 X_t；W_{fh} 和 W_{fx} 组成遗忘门的权重矩阵 W_f；b_f 为偏置项；σ 为 Sigmoid 函数。

（2）输入门。输入门用于控制新信息的输入。它有两个部分，一个是通过 Sigmoid 函数来决定更新哪些值，另一个是通过 tanh 函数创建一个新的候选值向量。

当前输入 X_t 保存到 c_t 的决定，计算公式如下：

$$i_t = \sigma(W_i \cdot [h_{t-1}, x_t] + b_i)$$

式中：W_i 为权重矩阵；b_i 为偏置项。

用 $\tilde{c}_t$ 表示当前输入的单元状态，由上一次的输出和当前的输入确定，如下式：

$$\tilde{c}_t = \tanh(W_c \cdot [h_{t-1}, x_t] + b_c)$$

式中：W_c 为 $\tilde{c}_t$ 对应的权重矩阵；b_c 为 $\tilde{c}_t$ 对应的偏置项。

当前时刻单元状态 c_t 如下：

$$c_t = f_t \circ c_{t-1} + i_t \circ \tilde{c}_t$$

式中：c_{t-1} 表示前一个的单元状态；f_t 为遗忘门；符号 $\circ$ 表示按元素乘。

（3）输出门。输出门决定了最终输出的隐藏状态。首先通过 Sigmoid 函数得到一个介于 0 和 1 之间的输出权重，然后将这个圈中与经过 tanh 函数处理后的单元状态相乘，得到当前时间步的隐藏状态。

计算式如下：

$$o_t = \sigma(W_o \cdot [h_{t-1}, x_t] + b_o)$$
$$h_t = o_t \circ \tanh(c_t)$$

式中：W_o 为输出门的权重矩阵；b_o 为偏置项。这样就可以输出当前时间步带有记忆的信息，用于后续任务，比如预测下一个单词或者进行序列分类等。

BiLSTM 是双向的 LSTM，由一个前向 LSTM 和一个后向 LSTM 组成。前向 LSTM 从序列的开头开始，依次处理每个单词，将之前的信息传递下去。后向 LSTM 从序列的末尾开始，反向处理每个单词，将后续的信息传递过来。这样，对于每个单词，BiLSTM 都能结合它前面和后面的信息，生成一个综合的隐藏状态。

在 NER 模型中，BiLSTM 以 BERT 输出的词向量作为输入，进一步提

取句子的序列特征。例如，对于一个句子中的某个单词，BiLSTM 能够利用前后单词的语义信息来更好地判断这个单词的实体类别。

3. CRF

条件随机场（CRF）用来分割和标记序列数据，根据输入的观察序列来预测对应的状态序列，同时考虑输入的当前状态特征和各个标签类别转移特征。CRF 应用到 NER 的问题中主要是根据 BiLSTM 模型的预测输出序列求出使得目标函数最优化的序列，从而更好地完成命名实体识别任务。

两个随机变量 X 和 Y，在给定 X 的条件下，如果每个 Y_v 满足未来状态的条件概率与过去状态条件独立，即

$$P(Y_v \mid X, Y_u, u \neq v) = P(Y_v \mid X, Y_u, u \sim v)$$

则 (X, Y) 为一个 CRF。常用的一阶链式结构 CRF 如图 3-7 所示。

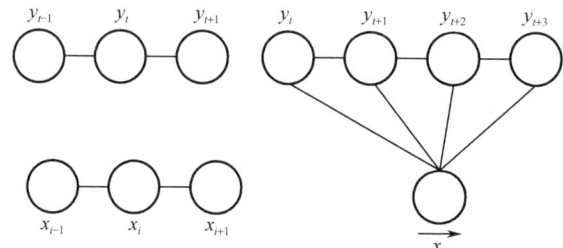

图 3-7　一阶链式结构 CRF

CRF 应用到 NER 中是在给定需要预测的文本序列 $X = \{x_1, x_2, \cdots, x_n\}$，根据 BERT-BiLSTM 模型的输出预测序列 $Y = \{y_1, y_2, \cdots, y_n\}$，通过条件概率 $P(y \mid x)$ 进行建模，则如下式所示：

$$P(y \mid x) = \frac{1}{Z(x)} \exp\left(\sum_{i,m} \lambda_m \mu_m(y_{i-1}, x, i) \cdot \sum_{i,n} \beta_n t_n(y_i, x, i) \right)$$

式中：i 为当前节点在 x 中的索引；m，n 分别为在当前节点 i 上的局部特征函数和节点特征函数总个数；t_n 为节点特征函数，只和当前位置有关；μ_m 为局部特征函数，只与当前位置和前一个节点位置有关；β_n，λ_m 分别为特征函数 t_n 和 μ_m 对应的权重系数，用于衡量特征函数的信任度；$Z(x)$ 为归一化因子，如下式所示：

$$Z(x) = \sum_y \exp\left(\sum_{i,m} \lambda_m \mu_m(y_{i-1}, x, i) \cdot \sum_{i,n} \beta_n t_n(y_i, x, i) \right)$$

3.3 因果关系识别模型

3.3.1 因果关系识别流程

基于算法模型自动绘制的因果关系识别流程如图 3-8 所示。

（1）对数据间相关关系进行挖掘，通过简单相关分析提取两变量间相关关系，由此计算三个及以上变量间的偏相关关系，并对相关关系计算结果进行检验。

（2）由相关分析的计算结果，构建描述相关关系的复杂网络，在基于历史因果数据的基础上，绘制因果草图。本模块所采用的因果草图绘制方法为基于算法模型的因果草图绘制。

（3）因果草图绘制完毕后，通过结构因果模型对因果图中的因果关系进一步识别和修正，最终得到数据中较为真实的因果关系。

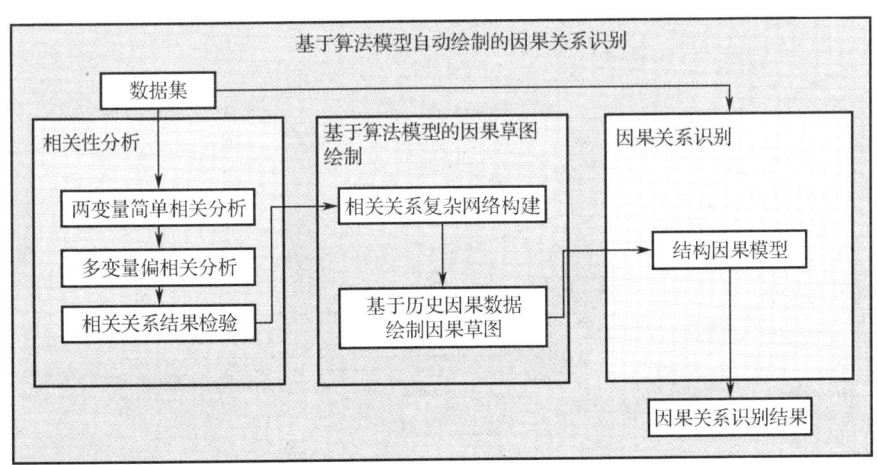

图 3-8 基于算法模型自动绘制的因果关系识别流程

3.3.2 相关性分析

相关性分析用来观测两个变量实体之间的关联程度，表明任意变量之间是否有关系及关系强弱/大小。相关性强说明变量之间存在潜在的因果关系。相关性分析适用于有数据支撑的因果变量实体。基于相关性分析的关系识别算法流程如图 3-9 所示。

相关性分析首先选择对应的两变量相关关系计算方法，对数据集中两变量相关性进行分析计算；由两变量相关性计算结果，进一步计算三个及以上变量间的偏相关关系；对于计算得到的相关关系指标进行检验，最终得到数据集中具有相关关系的数据集合。基于相关性分析的输入输出数据流程如图 3-10 所示。

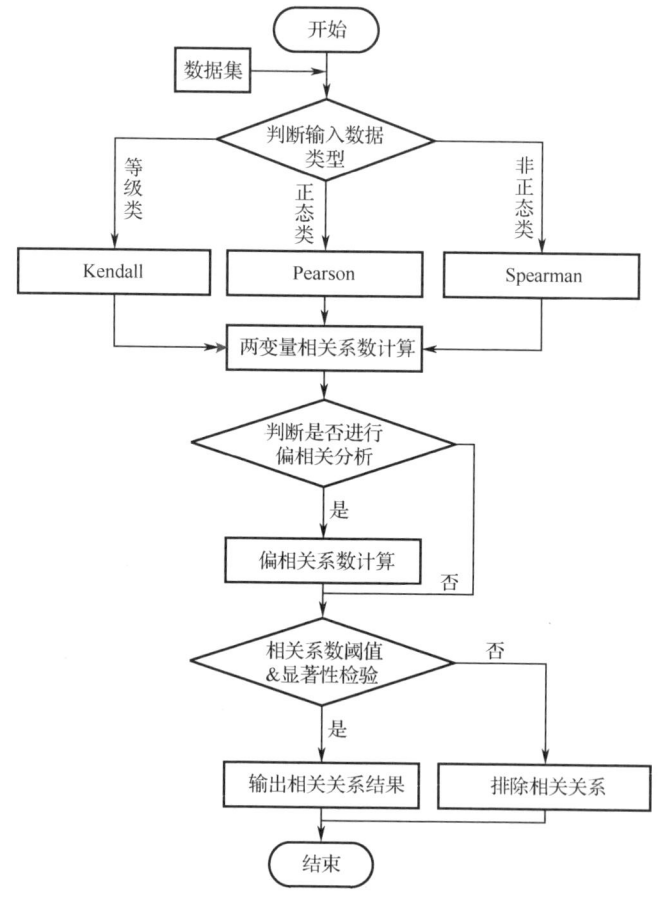

图 3-9 基于相关性分析的关系识别算法流程

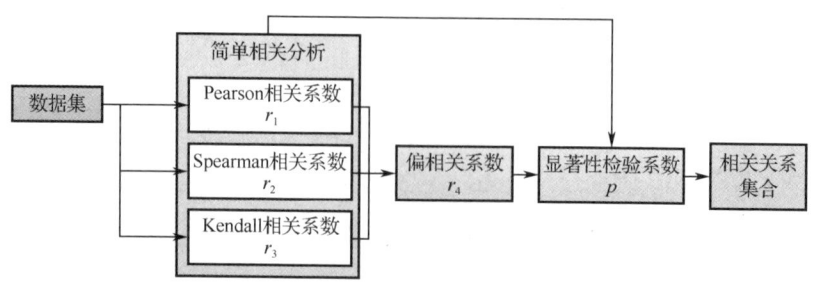

图 3-10 基于相关性分析的输入输出数据流程

1. 两变量简单相关分析

常用的简单相关分析方法包括 Pearson 相关系数分析法、Spearman 相关系数分析法和 Kendall 相关系数分析法等，如表 3-4 所示。

表 3-4 相关系数选择

相关系数	使用场景	备注
Pearson	定量数据且数据满足正态性	正态图可查看正态性，散点图展示数据关系
Spearman	定量数据且数据不满足正态性	正态图可查看正态性，散点图展示数据关系
Kendall	定量数据一致性判断	通常用于评分数据一致性水平（非关系）研究

多数情况下，建议使用 Pearson 相关系数，它描述的是两个变量之间线性相关的强弱程度，用两个变量之间的协方差和标准差之商表示，即

$$r = \frac{\sum_{i=1}^{n}(X_i - \bar{X})(Y_i - \bar{Y})}{\sqrt{\sum_{i=1}^{n}(X_i - \bar{X})^2}\sqrt{\sum_{i=1}^{n}(Y_i - \bar{Y})^2}}$$

式中：n 为样本量。

r 的绝对值越大，表明相关性越强，具体分级如表 3-5 所示。

表 3-5 相关系数大小对应的相关程度

区间	相关程度
$\|r\| \geq 0.5$	强
$0.3 \leq \|r\| < 0.5$	中等
$0.1 \leq \|r\| < 0.3$	很小
$\|r\| < 0.1$	相关性极弱，可认为不相关

如果数据不满足正态性或不满足线性关系，可以考虑使用 Spearman 相关系数。Kendall 相关系数用于判断两个变量的等级相关性是否具有一致性，如评委打分、数据排名等。

2. 多变量偏相关分析

简单相关分析用于分析两个变量之间的关系情况，但是在现实当中相关分析往往有第三变量的影响或作用，而使得相关系数不能真实地体现其线性

相关程度。当存在可能会影响两个变量之间相关性的因素时，就需要使用偏相关分析。

当研究一个因素对另一个因素的影响或相关程度时，把其他因素的影响视作常数，所得数值结果为偏相关系数。偏相关分析的控制变量个数为 1 时，偏相关系数称为一阶偏相关系数；控制变量个数为 2 时，偏相关系数称为二阶相关系数；控制变量个数为零时，偏相关系数称为零阶偏相关系数，也就是相关系数。

在 3 个变量中，任意两个变量的偏相关系数需要在排除其余一个变量影响后计算得到，称为一阶偏相关系数，公式为

$$r_{ij \cdot h} = \frac{r_{ij} - r_{ih} r_{jh}}{\sqrt{(1 - r_{ih}^2)(1 - r_{jh}^2)}}$$

式中：r_{ij} 为 x_i 与 x_j 的简单相关系数；r_{ih} 为变量 x_i 与 x_h 的简单相关系数；r_{jh} 为变量 x_j 与 x_h 的简单相关系数。

偏相关系数的取值范围同样为[-1,1]。偏相关系数为正值时，表示在其他变量不变的情况下，所关心的两个变量之间为正相关关系；偏相关系数为负值时，表示在其他变量不变的情况下，所关心的两个变量之间为负相关关系；若偏相关系数的值等于 1，表示在其他变量不变的情况下，所关心的两个变量完全相关；若偏相关系数的值等于 0，表示在其他变量不变的情况下，所关心的两个变量完全不相关。偏相关系数的绝对值越大，表示其偏相关程度越密切。

3. 相关关系结果检验

一般情况下，总体相关系数 ρ 是未知的，通常将样本相关系数 r 作为 ρ 的近似估计值。但由于 r 是根据样本数据计算出来的，因此会受到抽样波动的影响。由于抽取的样本不同，r 的取值也就不同，因此 r 是一个随机变量。这就需要考察样本相关系数的可靠性，也就是进行显著性检验。

相关系数 r 的显著性检验可通过 t 检验进行计算：

$$t = r \cdot \sqrt{\frac{n-2}{1-r^2}}$$

式中：n 为样本个数；r 为样本相关系数；t 为检验统计量，表示样本相关系数与假设的总体相关系数（通常假设总体相关系数为 0）之间的偏离程度。

相关系数的绝对值在 0.5 和 1 之间都可以视为强相关，但是要严格判断两个变量是否相关还是要看显著性，也就是显著性指标——p 值。在 t 检验中，

根据计算出的 t 统计量的值和自由度，通过 t 分布的概率密度函数来计算 p 值。例如，对于自由度为 (n-1)（单样本 t 检验）的情况，p 值为 $P(|T| \geqslant |t_{obs}|)$，其中 T 是服从 t 分布的随机变量，t_{obs} 是实际计算得到的 t 统计量的值。

对于不同 p 值，一般有如下规定：

（1）如果 $p \geqslant 0.05$，则相关统计结果无统计学意义，即可能只是该样本中存在这样的相关关系，其他样本中不一定成立；

（2）如果 $0.01 \leqslant p < 0.05$，则该相关结果为显著相关；

（3）如果 $p < 0.01$，则该相关结果为非常显著相关。

3.3.3 基于算法模型的因果草图绘制

求解并检验数据间相关关系后，可以通过一个行向量表示具有相关关系的两个数据的关系情况：

$$a_{\text{relation}} = (x_1, x_2, r)$$

式中：x_1, x_2 为具有相关关系的两类数据；r 为相关系数。通过遍历所有具有相关关系的数据，可以得到所有数据之间相关关系的矩阵 A：

$$A_{\text{relation}} = \begin{bmatrix} a_1 \\ a_2 \\ \vdots \\ a_n \end{bmatrix} = \begin{bmatrix} \cdots & \cdots & \cdots \\ \cdots & \cdots & \cdots \\ \vdots & \vdots & \vdots \\ x_i & x_j & r_n \end{bmatrix}$$

对相关关系矩阵 A 进行遍历，得到相关关系复杂网络，如图 3-11 所示。

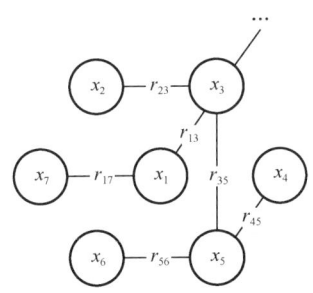

图 3-11 相关关系复杂网络示意图

得到相关关系后，基于历史数据，自动绘制因果图。在因果草图绘制环节中，积累历史因果图数据，提取其中的因果变量，并将其存储为历史因果数据表，如表 3-6 所示。

表 3-6　历史因果数据表

序　号	制　　度	因　变　量	果　变　量
1	1-规划计划管理	A	C
2	1-项目管理	F	H
…	…	…	…
n	2-经费管理	M	N
…	…	…	…

在进行某个科研法规制度模型下的因果关系识别时，可以进入历史因果数据表中进行查找，获取对应数据项的因果关系。

最后，专家可以对该因果关系识别结果进行修正，修正结果保存至历史因果数据表中。

3.3.4　结构因果模型

结构因果模型是一种用有向无环图和结构方程来表示变量之间因果关系的模型。在能够使用后门准则或前门准则的条件下，经常选择结构因果模型进行因果关系识别，其流程如图 3-12 所示。具体包括以下几个步骤：

（1）进行因果图约束自检，通过 DAG 完备性检验因果图中是否存在不符合要求的节点，判断因果草图是否合理正确。若因果草图不满足 DAG 完备性，提示修改；若因果草图满足约束自检的条件，此时需要指定感兴趣的因果变量，判断因果变量之间是否存在其他节点。①若因果变量之间存在其他节点，需要首先判断是否存在隐藏混淆变量：若因果变量存在隐藏混淆变量，对因变量施加干预，计算干预前后的前门调整概率；若因果变量不存在隐藏混淆变量，对因变量施加干预，计算干预前后的后门调整概率。②若因果变量之间不存在其他节点，直接对因变量施加干预，在整个实验数据的基础上，计算干预前后概率变化。

（2）计算得到直接干预的概率变化、后门调整概率和前门调整概率后，通过设置一个合理的阈值，根据干预前后概率之差判断和识别因果草图中的因果关系：若通过阈值，证明因果草图中的因果关系是正确可靠的因果关系；若未通过阈值，说明该因果关系并非正确可靠，并提示修改。

（3）得到经过识别后的因果图，供后续因果效应评估环节使用。

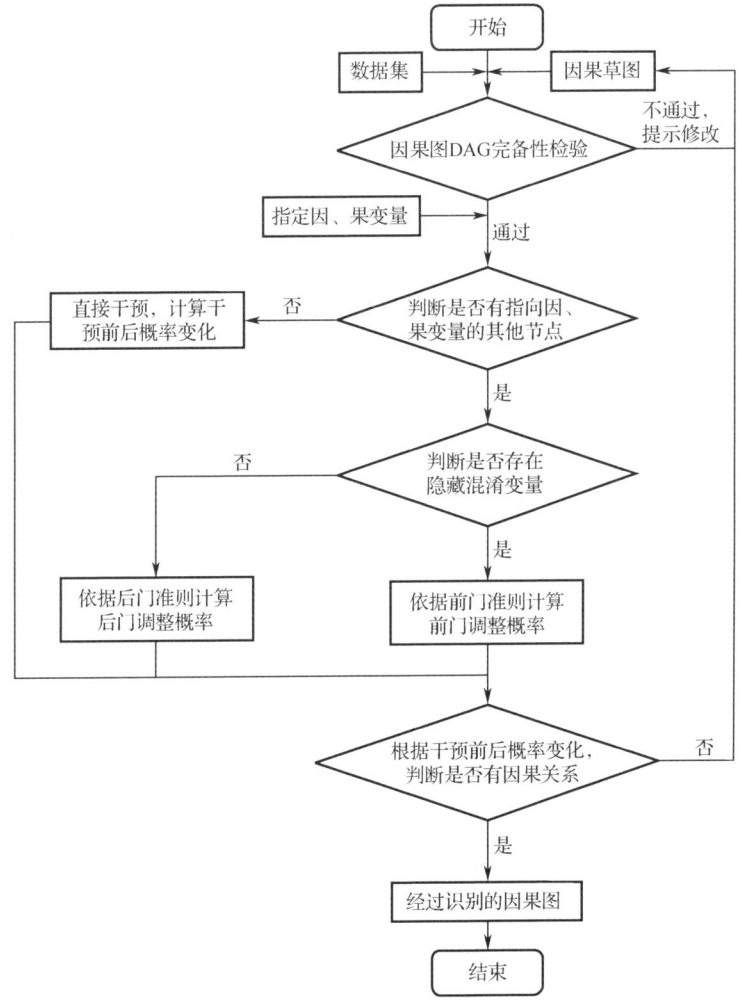

图 3-12 基于结构因果模型的因果识别流程

基于结构因果模型的因果关系识别方法主要有基于图论准则和基于 Do 演算两种方法。根据图论准则中的有向无环图完备性要求，以及阻塞和 D-分离的规则约束，实现对因果图的约束自检；根据 Do 演算中的前门准则和后门准则，实现对因果图中因果关系的进一步识别。

3.3.5 基于图论准则的因果关系识别模型

基于图论准则的因果关系识别是以图论为基础，用节点表示变量，用边表示变量之间的关系，通过构建因果图来直观地表示变量之间的因果结构。图中的有向边表示因果关系的方向，例如，从变量 X 指向变量 Y 的边表示 X 是 Y 的直接原因。通过分析因果图的结构和特征，可以制定相应的准则来判断变量之间是否存在因果关系以及因果关系的性质。

下面,介绍一些图论基础知识,以及三种基于图论准则的因果关系识别模型,包括:基于有向无环图(DAG)完备性检验的因果关系识别模型、基于D-分离的因果关系识别模型、基于结构方程组的因果关系识别模型。

1. 图论基础概述

1)因果图

因果图的建模主要以专家知识为前提,以客观的数据中发现相关关系为辅,主观地构建因果关系图。由此,先引入因果图相关的基础定义,主要包括有向无环图与因果图的典型关系结构等。

贝叶斯网络(Bayesian Network)是描述随机变量(事件)之间关系的模型。贝叶斯网络用有向无环图表示,其中每个节点代表一个随机变量,节点间的联系用有向箭头表示,箭头从"因节点"指向"被影响节点",用条件概率表达关系强度。

有向无环图具有马尔可夫性质,表明每个节点 X_i 在给定父节点的情况下有条件地独立于其非后代节点。因此,使用马尔可夫性质,可以将图中所有节点的联合概率分布分解为各个节点在其父节点条件下的条件概率分布的乘积。然后,就可以通过分析变量之间的条件独立性关系来推断因果图的结构。

在图论中,如果一个有向图无法从某个顶点出发经过若干条边回到该点,则这个图是一个有向无环图,如图3-13所示。

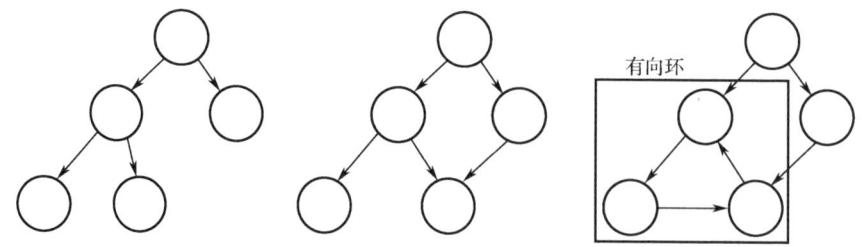

图3-13 有向图、有向无环图和有向有环图示意图

因此,一个因果图 $G=(V, E)$ 是一个有向无环图,它描述了随机变量之间的因果关系,V 和 E 分别是节点和边的集合。在一个因果图中,每个节点表示一个随机变量,无论它是否是被观察到的变量。一条有向边 $X \rightarrow Y$,则表示 X 是 Y 的因,或者说存在 X 对 Y 的因果效应。进一步,通过有向无环图的定义,我们可以实现对因果图的初步约束自检。

根据因果图中边的指向,可以将节点进一步划分为父节点与子节点,如图 3-14 所示。

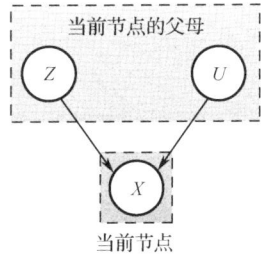

图 3-14 父节点与子节点

在图论过程中,每个图论模型都必须是有向无环图。由有向无环图表示的图论模型对信息在底层数据生成过程中的流动方式具有明确的定义。

基于贝叶斯网络,因果图的基本结构有以下三种:

(1)链式结构。链式结构的因果图如图 3-15 所示。

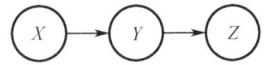

图 3-15 链式结构因果图

计算该因果图的全概率分布情况,有

$$P(X,Y,Z) = P(X) \cdot P(Z|Y) \cdot P(Y|Z)$$

(2)分叉式结构。分叉式结构的因果图如图 3-16 所示。

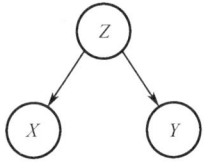

图 3-16 分叉式结构因果图

计算该因果图的全概率分布情况,有

$$P(X,Y,Z) = P(Z) \cdot P(X|Z) \cdot P(Y|Z)$$

(3)对撞式结构。对撞式结构的因果图如图 3-17 所示。

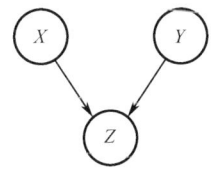

图 3-17 对撞式结构因果图

计算该因果图的全概率分布情况,有
$$P(X,Y,Z) = P(X) \cdot P(Y) \cdot P(Z|X,Y)$$

因果图由这三种基本图形结构封装,可用于在有向无环图中组装每条路径。这三种结构对应因果图模型中关联的三个基本来源(即因果关系、混淆和内生选择),如图 3-18 所示。

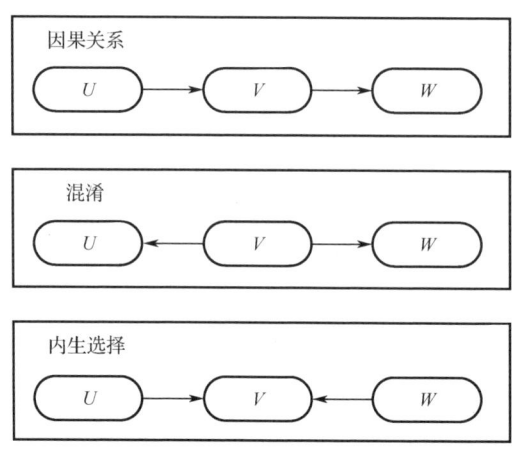

图 3-18　关联的三个基本来源

在因果关系结构 $U \to V \to W$ 中,变量 U 和 W 是关联的,这种关联是因果链的结果。如果要对中介变量 V 进行调节,那么这将阻塞信息流,从而使变量 U 和 W 不再关联。

在混淆结构 $U \leftarrow V \to W$ 中,没有与变量 U 和 W 相关的因果路径,然而,U 和 W 仍然是相关的,这种关联是由混杂变量 V 引起的,它是变量 U 和 W 的共同父变量,如果研究者要以共同原因 V 为条件,那么这将阻塞信息流,从而使变量 U 和 W 不再关联。

在内生选择结构 $U \to V \leftarrow W$ 中,变量 U 和 W 共同决定其共同子变量 V 的值,但变量 U 和 W 不相关,然而,如果研究者要以共同的果变量 V 为条件,就可以创建一个信息流,变量 U 和 W 就会关联起来。

粗略地说,如果在因果效应分析中有一个处理变量(如 U)和一个果变量(如 W),那么目标是消除变量 U 和 W 之间的非因果关联,并保持因果关联不变。因此,这三种基本图形结构不仅对应关联的三个基本来源,也对应偏差的三个基本来源。一般来说,当研究者有一组处理变量和果变量时,如果控制因果路径上的一个变量,就会阻塞流经该因果路径的信息流,这被称为过度控制偏差;同样,如果研究者无法控制一个令人困惑的共同原因,那么处理变量和果变量之间的一些关联就是混淆的结果，这被称为混淆偏差；而如果研究者控制变量的共同结果，就会在处理变量和果变量之间建立非因果关系的关联，这被称为内生选择偏差。

基于以上的基础规则和定义，可以开展基于图论准则的因果识别与检验。

2）阻塞

在前文对因果图结构和因果关系分类的介绍中，我们希望能识别出正确的因果关系，排除虚假的因果关系（混淆、内生选择），于是便引出了阻塞的概念。

阻塞分为通路的阻塞和节点的阻塞。在链式结构图和分叉式结构图中，X 和 Y 间的通路都会在以 Z 为条件的时候被阻塞。与此相反，在有共同效应节点的对撞结构图中，以 Z 为条件反而会引入 X 和 Y 之间的相关性，即 $X \perp Y$，但 $X \not\perp Y | Z$。由此，若以一个节点集合为条件会使一条通路阻塞，当且仅当这条通路上存在任何一个被阻塞的节点。

下面定义节点的阻塞。以一个节点的集合 S 为条件，节点 Z 被阻塞了，当且仅当以下两个条件中的任何一个被满足：

（1）$Z \in S$ 且 Z 不是对撞节点。

（2）Z 是一个对撞节点，同时 $Z \notin S$ 且不存在任何 Z 的后代节点属于集合 S。

如图3-19(a)所示，以集合 $S(Z,U)$ 为条件会阻塞节点 Z，这是因为 $Z \in S$ 且 Z 不是一个对撞节点；对于图3-19(b)，以集合 $S(U)$ 为条件会阻塞节点 Z，这是因为 Z 是一个对撞节点，且 Z 和它的子节点都不属于集合 S。

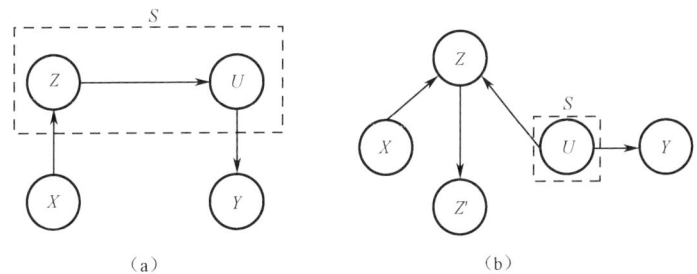

图 3-19　节点阻塞

2．基于有向无环图（DAG）完备性检验的因果关系识别模型

因果图必须是一个有向无环图，并且对于任意一对变量，在因果图中必须存在一个有向路径将它们连接起来。如果这个条件不满足，则说明因果图缺失一些变量或者关系，导致对实际现象的建模不够准确。如图 3-20 所示的 X，X 与图中的任意节点都没有建立连接关系，则必须去除 X，或者为 X 添加关系。

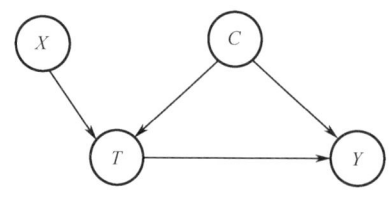

图 3-20　有向无环图示意

3. 基于 D-分离的因果关系识别模型

因果关系识别中，最常见的基于图论的准则是 D-分离准则。D-分离又称为有向分离，由经典的贝叶斯网络理论提出，是一种用来判断变量是否条件独立的图形化方法。其核心思想是通过分析图中变量之间的路径是否被"阻塞"来判断变量之间的独立性或条件独立性，进而推断因果关系。其定义是：如果两个变量 X 和 Y 之间的所有路径都被一组观测变量 Z 阻塞，那么在给定 Z 的条件下，X 和 Y 是 D-分离的，即 X 和 Y 在给定 Z 时条件独立，可认为 X 和 Y 之间不存在直接因果关系。

假设我们观测到了两个变量 X、Y 之间有统计相关性，为了鉴别这种相关性是否由两个变量间的直接因果关系导致，我们可以在变量对应的因果图中搜索可将 X 与 Y 作 D-分离的集合 Z。如果存在这样的 Z，则说明 X 与 Y 可 D-分离，即 X 与 Y 之间无直接因果关系，它们的相关性由共同原因导致。

如图 3-21 所示，存在三种情况：

（1）B 和 E 被 D-分离的情况：因为连接 B 和 E 的通道只有通过节点 A 的对撞型连接，那么只要 A 或者 A' 不被观测到，B 和 E 就是独立的。

（2）A 和 R 被 D-分离的情况：因为连接 A 和 R 的通道只有通过 E 的分叉连接，那么只要 E 被观测到，A 和 R 就是条件独立的。

（3）E 和 T 被 D-分离的情况：因为连接 E 和 T 的通道只有通过 R 的链式连接，那么只要 R 被观测到，E 和 T 就是条件独立的。

通过 D-分离方法，我们可以表征因果图中所有节点之间的统计相关性，即概率关系。基于此，可以进一步构建因果图的结构方程组，以具体表示因果图中所有变量之间的因果关系。

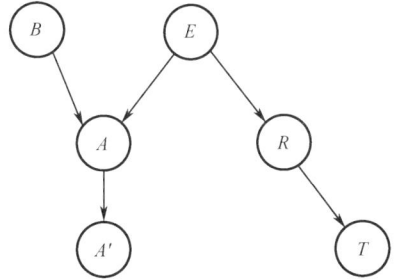

图 3-21 D-分离解释说明示意图

4. 基于结构方程组的因果关系识别模型

在因果图中，常常会假设因果马尔可夫条件（Causal Markovian Condition）。同贝叶斯网络中的马尔可夫条件相似，其规定每一个变量的值仅由它的父变量（Parent Variables）的值和噪声项决定，而不受其他变量的影响。考虑有 j 个变量 $\{X^1,\cdots,X^j\}$ 的一个因果图中的变量 X^i 和 $X^j, i \neq j$，可以用下式描述因果马尔可夫条件：

$$X^j \perp X^i \mid \mathrm{Pa}(X^j), \varepsilon^j$$

式中：$\mathrm{Pa}(X^j)$ 代表 X^j 父节点的集合；ε^j 为噪声项，代表没有观测的变量对 X^j 的影响。进一步，对应的联合概率分布 $P(X^1,\cdots,X^j)$ 如下式：

$$P(X^1,\cdots,X^j) = \prod_{j=1}^{j} P(X^j \mid \mathrm{Pa}(X^j), \varepsilon^j)$$

其中，等式右侧项 $P(X^j \mid \mathrm{Pa}(X^j), \varepsilon^j)$ 对应一个结构方程组，每个结构方程恰好描述了每个变量的值是如何由其对应的父变量和噪声项决定的。把所有方程放在一起就会得到描述一个因果图的结构方程组，或结构方程模型（Structural Equation Models，SEM）。

结构方程组中的每个方程都用来描述一个随机变量是如何由其父变量和对应的噪声项生成的。在等式的左边是被生成的随机变量，在右边则是显示其生成过程的函数。以图 3-22 为例，可以写出所对应的结构方程组：

$$\begin{cases} X = f_X(\varepsilon^X) \\ T = f_T(X, \varepsilon^T) \\ Y = f_Y(X, T, \varepsilon^Y) \end{cases}$$

式中：ε^X，ε^T，ε^Y 分别为 X、T 和 Y 对应的噪声项；f_X，f_T，f_Y 分别为生成 X、T 和 Y 的函数。注意，这里不对函数的具体形式进行任何限制。需要特别说明的是，在结构因果模型中，我们常常假设噪声项（如 ε^X、ε^T、ε^Y）

是外生变量（Exogenous Variable），即它们不受任何其他变量的影响。这里隐含的意思是噪声项代表相互独立的、没有被测量到的变量对观测到的变量的影响。与外生变量所对应的概念是内生变量（Endogenous Variable）。内生变量代表那些受到因果图（或结构方程组）中其他变量影响的变量，这里其他变量一般不包括噪声项。例如，图 3-22 中的 T 和 Y 就是两个内生变量，而 X 是一个外生变量。

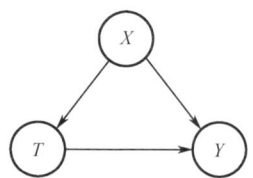

图 3-22　一个描述观测性数据的因果图

在每个结构方程中，因果关系始终是从右至左的，即左边的变量是右边变量的果，右边的变量是左边变量的因。也就是说，左边的变量是由右边的函数生成的，而函数的输入是左边变量的父变量和噪声项。这个顺序是不可以颠倒的。

基于图论准则的因果识别能够得到所有因果变量之间的具体因果关系，但其前提是因果图已知，这也就意味着干扰因果识别的混淆变量已知，但是往往还有一些未观测到的隐藏混淆变量，这也会给因果关系识别带来误判或错判。因此，还需要干预对因果识别进一步完善和补充。

3.3.6　基于 Do 演算的因果关系识别模型

Do 演算是一种在因果推断中用于处理干预和识别因果关系的重要工具，主要基于三个核心规则。本节主要介绍干预分布、因果效应、混淆偏差的定义，并介绍使用后门准则和前门准则来实现因果关系识别的方法。

1. 干预分布

在定义因果效应之前，首先定义一个更广泛的概念——干预分布（Interventional Distribution）。干预分布 $P(Y|do(T=t))$ 是指当我们通过干预将变量 T 的值固定为 t 后，重新运行一次数据生成过程得到的变量 Y 的分布。

考虑图 3-23，X 是混淆变量，T 是处理变量，而 Y 是果变量，$do(T=t)$ 代表处理变量 T 的值不再由其父变量 X 决定，而是由干预决定。对于此图中的干预分布 $P(Y|do(T=t))$，即 T 被干预，固定取值为 t 的情况，也可以通过结

构方程组表示干预分布的情况,如下式:

$$\begin{cases} X = f_X(\varepsilon^X) \\ T = t \\ Y = f_Y(X,T,\varepsilon^Y) \end{cases}$$

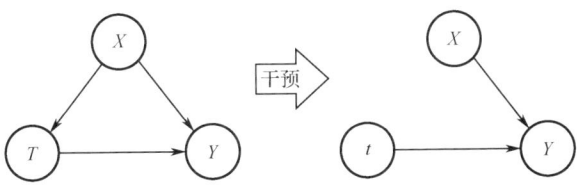

图 3-23 包含混淆变量 X 的因果图

与一般结构方程组对比可以发现,它们唯一的区别是第二个结构方程中,处理变量 T 的值不再受到其父变量、混淆变量 X 和 T 对应的噪声项 ε^T 的影响,而是由干预直接设定为固定的值 t,显然,这个改变将影响到第三个结构方程中生成的 Y 的分布。

由于 do 算子通过控制变量来分析干预后变量的相关性,我们可以通过下列规则将干预后概率 $P(Y|\mathrm{do}(X))$ 计算转化为条件概率(条件概率容易直接从数据集中获取):

(1)如果观察到变量 W 与 Y 无关(前提可能是以其他变量 Z 为条件),那么 Y 的概率分布就不会随 W 而改变,即 $P(Y|\mathrm{do}(X),Z,W)=P(Y|\mathrm{do}(X),Z)$。

(2)如果变量集 Z 阻断了从 X 到 Y 的所有后门路径,那么以 Z 为条件(对 Z 进行变量控制),则 $\mathrm{do}(X)$ 等同于 $\mathrm{see}(X)$。也就是说,在控制了一个充分的去混因子集之后,留下的相关性就是真正的因果效应,即 $P(Y|\mathrm{do}(X),Z)=P(Y|X,Z)$。

(3)如果从 X 到 Y 没有因果路径,我们就可以将 $\mathrm{do}(X)$ 从 $P(Y|\mathrm{do}(X))$ 中移除。也就是说,如果我们实施的干预行动不会影响 Y,则 Y 的概率分布不会改变,即 $P(Y|\mathrm{do}(X),Z)=P(Y)$。

借助结构方程组的形式,以及条件独立的相关规则判断,干预分布的具体概率表述得以清晰地展现,由此便引出了因果效应的概念。

2. 因果效应

因果效应识别是通过观测到的数据评估一个或多个因变量和果变量之间的量化关系,并检验因果效应量化值的统计显著性。

可以对因果关系作如下定义：设 X 和 Y 是两个随机变量，定义 X 是 Y 的因，即因果关系 $X \rightarrow Y$ 存在，当且仅当 Y 的取值一定会随 X 的取值变化而发生变化。由此，将随机变量 X 增加一个单位（$X \Rightarrow X+1$），并观察对变量 Y 的影响，若 Y 变成了 $Y+\beta$，则把 β 称为 X 对 Y 的因果效应。

总的来说，在结构因果模型中，一种因果效应总是可以被定义为实验组和对照组所对应的两种果变量的干预分布的期望的差。假设处理变量 T 只能从 $\{0,1\}$ 中取值，则可以通过 do 算子来定义 T 对 Y 的平均因果效应（Average Treatment Effect，ATE），如下式所示：

$$\mathrm{ATE} = E[Y \mid \mathrm{do}(T=1)] - E[Y \mid \mathrm{do}(T=0)]$$

基于平均因果效应，很容易更进一步地定义实验组平均因果效应（Average Treatment Effect on the Treated，ATT）、对照组平均因果效应（Average Treatment Effect on the Controlled，ATC），以及条件平均因果效应（Conditional Average Treatment Effect，CATE），如下式所示：

$$\mathrm{ATT} = E[Y \mid \mathrm{do}(T=1), T=1] - E[Y \mid \mathrm{do}(T=0), T=1]$$
$$\mathrm{ATC} = E[Y \mid \mathrm{do}(T=1), T=0] - E[Y \mid \mathrm{do}(T=0), T=0]$$
$$\mathrm{CATE}(x) = E[Y \mid \mathrm{do}(T=1), X=x] - E[Y \mid \mathrm{do}(T=0), X=x]$$

由于 do 算子的存在，我们无法直接从观测性数据中估测任何一个带 do 算子的量，无论它是 ATE、ATT、ATC 还是 CATE。在处理变量取值更丰富的情况下，仍然可以利用 do 算子来定义各种因果效应。例如，当考虑 $T \in \mathbb{R}$，即处理变量可以取任意实数的情况下，要定义因果效应，常常需要定义一个对照组。例如，可以令 $T=0$ 表示对照组，而任意其他值 $T=t \neq 0$ 表示一个实验组，同样定义 ATE、ATT、ATC 和 CATE，如下式所示：

$$\mathrm{ATE}(t) = E[Y \mid \mathrm{do}(T=t)] - E[Y \mid \mathrm{do}(T=0)]$$
$$\mathrm{ATT}(t) = E[Y \mid \mathrm{do}(T=t), T=1] - E[Y \mid \mathrm{do}(T=0), T=1]$$
$$\mathrm{ATC}(t) = E[Y \mid \mathrm{do}(T=t), T=0] - E[Y \mid \mathrm{do}(T=0), T=0]$$
$$\mathrm{CATE}(x,t) = E[Y \mid \mathrm{do}(T=t), X=x] - E[Y \mid \mathrm{do}(T=0), X=x]$$

值得注意的是，do 算子或干预分布一般不会用于定义个体因果效应（Individual Treatment Effect，ITE）。带有 do 算子的量都是一类与干预相关的因果量（另一类因果量则与反事实相关），而把那些没有 do 算子的量称为统计量。

通过因果效应，我们可以清楚地看到因果变量之间的变化关系，但是这仍未考虑到混淆变量对因果识别的干扰。下面先引出混淆偏差与干预分布的关系。

3. 混淆偏差

值得注意的是,干预分布 $P(Y|do(T=t))$ 和条件分布 $P(Y|T=t)$ 有着很大的区别。考虑如图 3-23 所示的因果图,可以发现因果图中存在混淆变量 X,而在干预 $do(T=t)$ 的情况下,不再存在任何混淆变量。这表明 $P(Y|do(T=t))$ 和 $P(Y|T=t)$ 的区别就是因果推断问题中常说的混淆偏差。

混淆偏差的定义:考虑两个随机变量 T 和 Y,我们说对于因果效应 $T \rightarrow Y$ 存在混淆偏差,当且仅当干预分布 $P(Y|do(T=t))$ 与条件分布 $P(Y|T=t)$ 并不总是相等,也就是存在 t,使 $P(Y|do(T=t)) \neq P(Y|T=t)$。

因果图中的混淆变量会影响我们对因果关系的正确识别,因此,如何避免混淆偏差干扰我们对因果关系的判断,是因果推断中的一个重要环节。由此,引出了后门准则。

4. 后门准则

从观测性数据中可以用传统的概率图模型或者更复杂的深度学习模型得到对于各类分布准确的估测,但无论这样的估测有多准确,它仍然停留在对统计量的估测,这与估测任何一个因果量仍然有一段距离。因此,我们需要一个步骤来解决从因果量到统计量的转变。

要做到因果识别,在结构因果模型中需要用到一些规则。其中最常用的规则便是后门准则。要理解后门准则,需要定义后门通路。

考虑两个随机变量 T 和 Y,当我们研究因果效应 $T \rightarrow Y$ 时,称一条连接 T 和 Y 的通路是后门通路,当且仅当它满足以下两个条件:

(1) 它不是一条有向通路;
(2) 它没有被阻塞(不含对撞节点)。

在高斯情况下,可以使用 Y 在 X 和满足后门标准的一组附加节点 Z 的线性回归,可以看出,相对于有序对 (X,Y),节点 X 的真正父节点总是满足后门准则。

基于结构因果模型,可以把用 $P(Y|T=t)$ 估测 $P(Y|do(T=t))$ 会引起混淆偏差的原因归咎于因果图中存在由处理变量到果变量的后门通路,即混淆变量存在于 T 和 Y 之间的后门通路,在研究 $T \rightarrow Y$ 的因果效应时,就会带来混淆偏差。而要做到因果识别,得到对因果效应的无偏估计,就需要排除掉后门通路带来的影响。

基于结构因果模型，当一个因果效应被因果识别时，当且仅当定义该因果效应所用到的所有因果量都可以用观测到的变量的统计量的函数来表示。在结构因果模型中，因果量往往是指干预分布的期望。当在有后门通路存在的情况下，常用后门准则来做到因果识别。后门准则的核心是通过以一些观测到的变量为条件来阻塞到所有的后门通路。同样以图 3-23 所示的因果图为例，如果 X 是离散变量，而 x 代表 X 的取值，那么以变量 X 为条件的意思便是到每一个 $X=x$ 的亚样本中估测对应的果变量的分布。只有处理变量的不同能够造成每个亚群中不同单位的结果的区别。这种理解正对应调控混淆变量，从而满足后门准则来达到因果识别的目的。接下来给出后门准则的定义：

考虑两个随机变量 T 和 Y，当研究因果效应 $T \rightarrow Y$ 时，我们说变量集合 X 满足后门准则，当且仅当：

（1）以 X 中的所有变量为条件时，T 和 Y 之间所有的后门通路都被阻塞了；

（2）X 不含有任何处理变量 T 的子节点。

令变量的集合为容许集。这里假设容许集只包含变量 X，即 $X=\{X\}$，且 X 是离散变量（只能取有限个值），而 $T \in \{0,1\}$。那么可以用下式根据后门准则识别 ATE：

$$P(Y|\mathrm{do}(T=t)) - P(Y|\mathrm{do}(T=0))$$
$$= \int_x (P(Y|T=t, X=x) - P(Y|T=0, X=x))P(X=x)\mathrm{d}x$$

因此，利用后门准则可以做到对这两个干预分布的差的识别。我们只要对上式的左右两端同时求期望，就可以在等式左边得到 ATE，同时在等式右边得到需要估测的统计量。

用后门准则做到对 CATE 的因果识别也十分直接。在考虑 T 为离散变量，而 X 为连续变量的情况下，CATE 的因果识别可以用下式达到：

$$P(Y|\mathrm{do}(T=t), X=x) - P(Y|\mathrm{do}(T=0), X=x)$$
$$= P(Y|T=t, X=x) - P(Y|T=0, X=x)$$

一般来讲，根据一个数据集中观测到的变量是否包括所有容许集内的变量，可以把用于因果推断的观测性数据分为两类。在第一类中，测量到的特征或者协变量的集合已经是容许集的一个母集，在这种情况下，可以直接利用后门准则完成因果识别。在第二类中，没有满足这一条件，也就是说，有的混淆变量没有被测量到，变成了隐藏混淆变量，而这需要引入前门准则。

5. 前门准则

前门准则是结构因果模型中除后门准则外的一种重要的因果识别方法，我们可以把它看作是一种对后门准则的拓展。前门准则允许我们在有隐藏混淆变量的情况下做到因果识别。

对于一个变量集合 M，若满足前门准则，需要满足以下三个条件：

（1）以 M 中所有的变量为条件时，所有从处理变量 T 到果变量 Y 的有向通路都会被阻塞；

（2）在没有以任何变量为条件的情况下，不存在没有被阻塞的对因果关系 $T \to M$ 而言的后门通路；

（3）以处理变量 T 为条件会阻塞所有对于 $M \to Y$ 的后门通路。

以图 3-24 为例，其中，图 3-24（a）中的集合，因为对因果效应 $T \to Y$ 而言，变量集合 M_i 满足前门准则，其中 U 是隐藏混淆变量；而图 3-24（b）中的集合 M 不满足前门准则，因为存在对 $T \to M$ 和 $M \to Y$ 的后门通路，其中 U 是隐藏混淆变量。也可以说变量集合 M 是对于因果关系 $T \to Y$ 而言的中介变量的集合，或者说变量集合 M 中介了 $T \to Y$ 的因果效应。

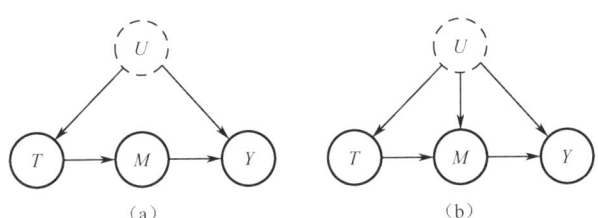

图 3-24 前门准则示例因果图

接下来假设变量集合 M 只包含一个变量，即 $M=\{M\}$。令 M 和 T 都是离散变量，由前门准则的第一个条件可以得到对于干预分布 $P(Y|\text{do}(T))$ 的分解，如下式所示：

$$P(Y|\text{do}(T)) = \sum_m P(Y|\text{do}(M=m))P(M=m|\text{do}(T))$$

前门准则的第二个条件意味着不存在对因果效应 $T \to M$ 而言的混淆变量。也就是说，可以直接用对应的条件分布代替干预分布，如下式所示：

$$P(M=m|\text{do}(T)) = P(M=m|T)$$

前门准则的第三个条件可以使用后门准则去完成对干预分布 $P(Y|\text{do}(M))$ 的因果识别，如下式所示：

$$P(Y|\text{do}(M=m)) = \sum_t P(Y|T=t, M=m)P(T=t)$$

由以上三个式子可以完成对干预分布的因果识别，因而也就完成了对目标的估测，即干预分布 $P(Y|\text{do}(T))$ 的因果识别。

3.4 因果效应评估模型

3.4.1 因果效应评估流程

因果效应评估是基于因果关系模型和关系识别，通过观测到的数据评估一个或多个因变量和果变量之间的量化关系，并检验因果效应量化值的统计显著性。

因果效应评估方法主要有两大类：基于后门准则和基于工具变量。其中，基于后门准则的因果效应评估方法主要适用于存在混淆变量但不存在隐藏混淆变量的情况，包括基于倾向分层模型和基于倾向得分匹配模型等；基于工具变量的因果效应评估方法对存在混淆变量和隐藏混淆变量的情况都适用，包括两层线性回归模型和二元工具/Wald 估计模型等。由此，因果效应评估流程如图 3-25 所示。

首先，对因变量、果变量的协变量个数即因变量、果变量间的节点分布情况进行判断。

（1）若因变量、果变量间不存在其他节点，进一步判断因变量是否为二元分布的情况。

① 若因变量不为二元分布，则使用回归拟合的方法计算因变量、果变量的因果效应（系数）；

② 因变量为二元分布，可以通过逻辑回归的方法拟合回归模型，获取因变量、果变量的因果效应（系数），也可以通过计算干预与否的期望差值，获取因变量、果变量的因果效应（期望）。

（2）若因变量、果变量间存在其他节点，需要对是否存在隐藏混淆变量进行判断。

① 若不存在隐藏混淆变量，使用后门准则和工具变量的因果效应评估方法，由于基于后门准则的因果效应评估算法要求因变量为二元分布，因此需要先判断因变量的分布情况：a）若因变量不为二元分布，则提示不符合算法要求。b）若因变量为二元分布，则需要根据协变量的个数选择合适的评估算法：若数据中偏倚量和混杂量较小（协变量＜5），选择基于倾向分层的因果效应评估方法计算因果效应值（期望）；若数据中偏倚量和混杂量较大（协变量≥5），选择基于倾向得分匹配的因果效应评估方法计算因果效应

值（期望）。

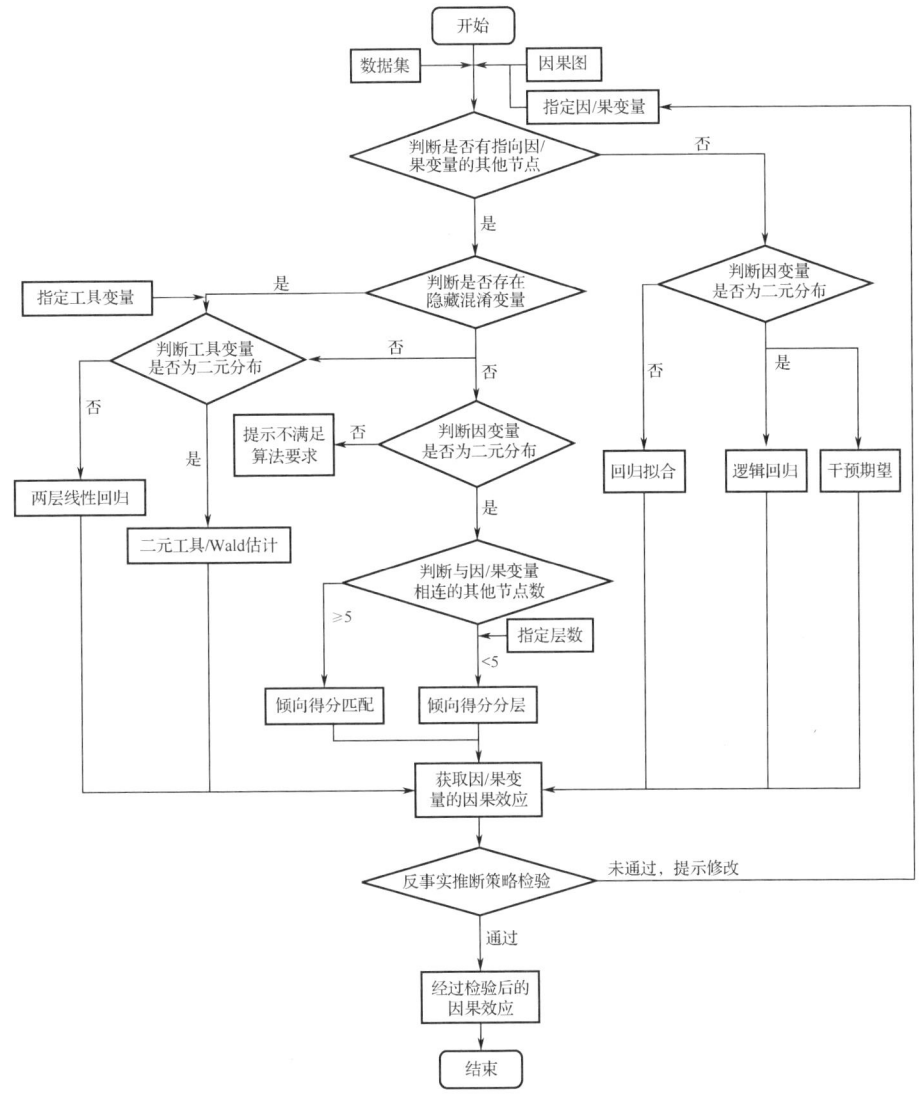

图 3-25　因果效应评估流程

② 若存在隐藏混淆变量，可以使用基于工具变量的因果效应评估方法，需要指定工具变量，并判断工具变量的分布情况：a）若工具变量为二元分布，选择基于二元工具/Wald 估计的因果效应评估方法计算因果效应值（系数）。b）若工具变量不为二元分布，选择基于两层线性回归的因果效应评估方法计算因果效应值（系数）。

在计算得到因果效应后，还需要反事实推断验证因果效应计算结果的准确性和鲁棒性，重新计算因果效应，并设置阈值检验两次因果效应计算结果的差异是否满足要求：若未通过阈值检验，提示因果图对应部分的修改；若通过阈值检验，则输出通过检验后的因果效应值。

在因果效应评估时，经常用到潜在结果框架，通过比较不同干预的潜在结果来估计干预效果，即因果效应。因此，接下来详细介绍潜在结果框架，以及两种因果效应评估方法：基于后门准则的因果效应评估和基于工具变量的因果效应评估。

3.4.2 潜在结果框架

潜在结果框架主要基于以下几个假设：

（1）个体处理稳定性假设。

① 明确的处理变量取值：对于任何一对单位（个体）i、j，如果$T_i = T_j = t$，则意味着这两个单位的状态是一模一样的；

② 没有干扰：一个单位被观测到的潜在结果应当不受其他单位的处理变量的取值的影响。

（2）一致性假设。一致性指一个单位被观测到的结果（事实结果）就是它的处理变量被观测到的取值所对应的那个潜在结果。考虑$T \in \{0,1\}$的情况，即满足下式：

$$Y_i = TY_i^1 + (1-T)Y_i^0$$

（3）强可忽略性假设。

① 以所有观测到的特征或者一部分特征(X)为条件，潜在结果与处理变量T相互独立，如下式所示：

$$((Y_i^1, Y_i^0), T_i) | X_i$$

② 重叠，指在产生数据的处理变量分配机制中，任何一个可能的特征的取值既可能被分配到实验组，也可能被分配到对照组，如下式所示：

$$P(T=1 | X=x) \in (0,1), \forall x$$

在三条应用假设的前提下，潜在结果框架可以将包含干预变量和观测变量的概率分布表达式进行转化。由于潜在结果框架需要对同一个个体进行比较，这在现实中往往是无法做到的，而三条应用假设则保证了可通过划分实验组与对照组的方式，计算干预对结果所带来的差异。假设考虑处理变量$T \in \{0,1\}$，果变量$Y \in \mathbb{R}$：单位i的个体因果效应 ITE 就是当这个单位在实验组和对照组时所对应的两个潜在结果的差，如下式所示：

$$\text{ITE}(i) = Y_i^1 - Y_i^0$$

由个体因果效应的定义延伸出基于潜在结果框架的平均因果效应 ATE，描述的是个体因果效应在整体上的期望：

$$\text{ATE}(i) = E[Y_i^1 - Y_i^0]$$

平均因果效应和条件平均因果效应的期望形式在有限样本的情况下可以写成如下式所示的平均值：

$$\text{ATE} = \frac{1}{N}\sum_i (Y_i^1 - Y_i^0)$$

式中：$N(x)$ 为满足特征取值 $X_i = x$ 的单位 i 的数量。

3.4.3 基于后门准则的因果效应评估模型

在观测性研究中，由于无法像随机对照实验那样通过随机分配来控制混杂因素，变量之间可能存在多种关联路径，其中一些非因果路径会干扰对因果效应的估计。后门准则的核心思想就是通过识别和控制合适的变量集合，将非因果关联（通过后门路径产生的关联）与因果关联分离开来，从而得到变量之间的真实因果效应。

本节主要介绍基于倾向得分的因果效应评估方法，该方法主要适用于数据维度较高、处理变量的干预分布为二元分布的情况。倾向性评分是指给定混杂变量 X 的条件下，以处理变量 T 为因变量，混淆变量 X 为自变量，建立回归模型来估计每个果变量 Y 接受 T 的可能性。因此，可将倾向得分定义为

$$e(x_i) = P(T_i = 1 | X_i = x_i), 0 < e(x_i) < 1$$

由于处理变量 T 为二元分布，多用 Logistic 回归。Logistic 函数形式如下：

$$P(x) = \frac{1}{1 + e^{-(x-\mu)/s}} = \frac{1}{1 + e^{-(\beta_0 + \beta_1 \cdot x)}}$$

式中：μ 为位置参数（曲线中点，$P(\mu) = 1/2$）；s 为尺度参数；$\beta_0 = -\mu/s$（直线：$y = \beta_0 + \beta_1 \cdot x$ 的 y 轴截距），$\beta_1 = 1/s$（直线斜率）。因此，Logistic 回归的核心是求解出参数 β_0 和 β_1（或者 μ 和 s），对于二元分布（0 或 1）的变量，需要拟合出如图 3-26 所示的回归曲线。

常用的基于倾向得分的因果效应评估方法主要有基于倾向分层模型和基于倾向得分匹配模型，具体评估流程如图 3-27 所示。具体步骤如下。首

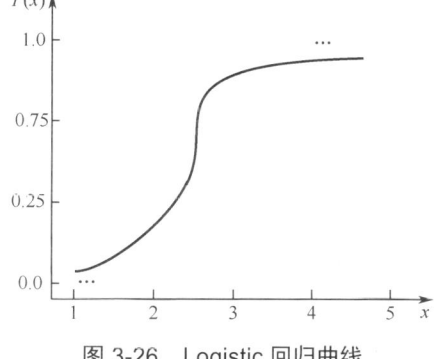

图 3-26 Logistic 回归曲线

先,设置与处理变量和果变量都相关的协变量集合。然后,基于协变量集合、处理变量和果变量,拟合倾向得分回归模型,并计算倾向得分。由于处理变量的干预是二元分布,倾向得分代表的是接受干预的概率。接着,对数据范围进行设置,并根据数据偏倚和混杂变量的情况选择采用基于倾向分层的因果效应评估模型还是基于倾向得分匹配的因果效应评估模型。如果数据偏倚和混杂变量较小,选择基于倾向分层的因果效应评估,需要指定数据分层的数量,并根据倾向得分计算结果创建具有相同倾向得分的数据层;如果数据偏倚和混杂变量较大,选择基于倾向得分匹配的因果效应评估,根据倾向得分计算结果对有相同倾向得分的数据进行匹配。最后,根据数据分层或匹配的结果,判断协变量的设置是否均衡。如果经过数据分层或匹配后,处理组和对照组之间分布情况均衡合理,即可对所有数据层或匹配数据组计算其平均因果效应;如果处理组和对照组之间分布情况不满足均衡合理的要求,可以通过划定不同数据范围,或者重新选择协变量,直到满意为止。

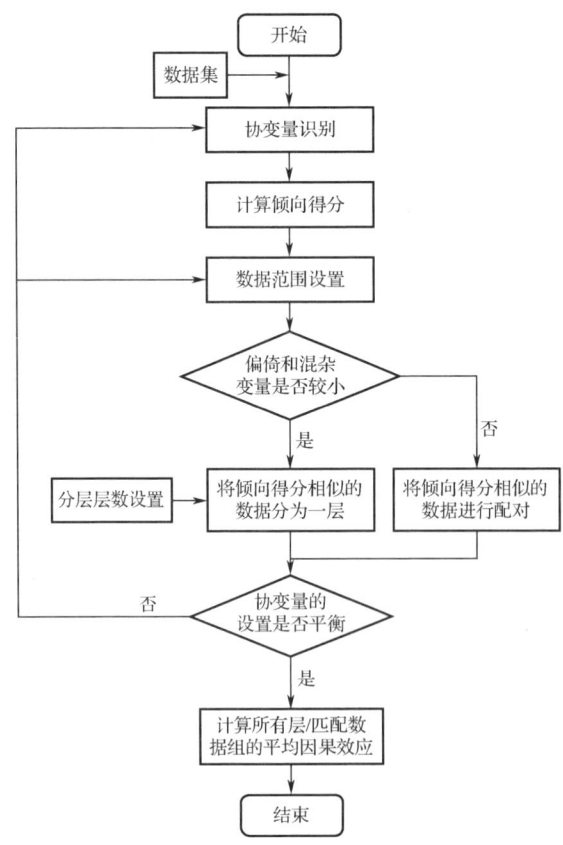

图 3-27 基于倾向得分的因果效应评估流程

下面,分别对基于倾向分层的因果效应评估模型和基于倾向得分匹配的因果效应评估模型进行详细介绍。

1. 基于倾向分层的因果效应评估模型

基于倾向分层是在倾向性评分的基础上,将所有样本按照倾向性评分大小分为若干层,通过比较层内组间倾向性评分的均衡性来检验所选定的层数是否合理,同时移除那些两组的倾向性评分分布偏离较大的层数,采用剩下的层数中的样本重新计算因果效应值 ATE。其算法要求和优缺点如表 3-7 所示。

表 3-7 基于倾向分层的因果效应评估模型算法要求及优缺点

算法要求	① 处理变量 T 为二元分布,即 $T \in \{0,1\}$; ② 数据中不能存在缺项
优点	协变量分布较为均衡时,由于倾向分层将所有数据都保留进行分析,对每个数据层都能提供效果的估计,能取得较好的效果
缺点	① 在数据分层较多且果变量较少的情况下往往表现不佳; ② 在强混淆的情况下表现不佳

基于倾向分层的因果效应评估流程如图 3-28 所示。主要包括以下几个步骤:

(1)数据完备性及二元分布检验。对数据进行质量审核,鉴别数据类型,考察数据的完整性及逻辑性,并检验干预的分布情况是否为二元分布。

(2)参数识别。针对实验目的,根据研究者的经验及倾向得分法变量的选择要求,选择合适的混杂因素,即协变量集合,同时确定因变量与果变量,用于后续拟合倾向得分模型——Logistic 回归模型。

(3)数据范围选择。对数据的适用范围进行合理筛选,范围内的数据参与分层与计算,范围外的数据不参与分层。

(4)计算倾向得分。根据选定的模型计算每一个实验对象的倾向得分,值在 0 和 1 之间,表示实验对象被分配到实验组或对照组的概率。

(5)进行倾向得分分层。分层法是根据混杂因素将样本分层的,在每层内进行组间比较,并最终合并层间效应。分层法是非随机化研究中控制偏倚的重要方法,通过分层来抵减组间某个或某些协变量因为不均衡对估计处理效应产生的影响。数据层一般分为 5~10 层(通常取 5 层,能减少 90%的混杂偏倚),每层的数据量相同。

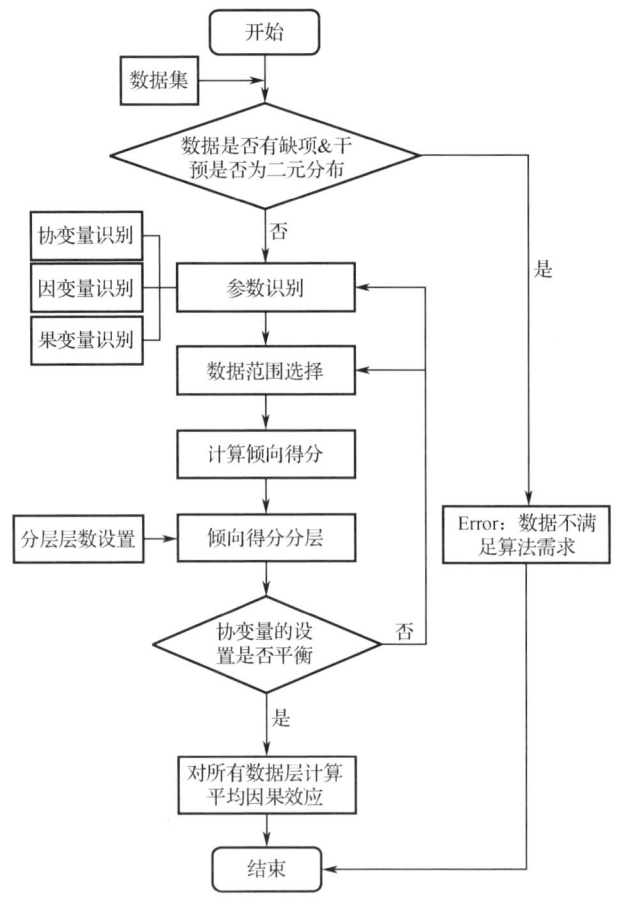

图 3-28 基于倾向分层的因果效应评估流程

（6）协变量平衡检查。根据数据分层的结果，检查每一个数据层中处理组和对照组的分配是否均衡合理。如果不平衡，可以通过改变协变量的设置及数据范围，并重复该过程，以获得满意的结果。

（7）计算因果效应。如果我们将整个数据集分为 J 个层，每个层内分为处理组 T 和对照组 C，则下式为计算分层后的平均因果效应的方法：

$$\text{ATE} = \sum_{j=1}^{J} q(j)[E(Y_T(j)) - E(Y_C(j))]$$

式中：$E(Y_T(j))$ 与 $E(Y_C(j))$ 分别为在第 j 个分层中处理组 T 和对照组结果的期望；$q(j) = \dfrac{N(j)}{N}$，表示第 j 个分层中单元数量和单元总数量的比值。

基于倾向分层的因果效应评估模型能够计算出每个数据变量的倾向得分，数据变量的分层分组情况，以及因变量与果变量之间的平均因果效应大小，以表格形式输出相关计算结果，并输出赋值因果图。

2. 基于倾向得分匹配的因果效应评估模型

倾向得分匹配是将处理组和对照组中倾向性得分接近的样本进行匹配后得到匹配群体，再在匹配群体中计算因果效应。对于每一个处理组的样本，从对照组选取与其倾向得分最接近的所有样本，并从中随机抽取一个或多个作为匹配对象，未匹配上的样本则舍去。

基于倾向得分匹配的因果效应评估模型算法要求及优缺点如表 3-8 所示。

表 3-8 基于倾向得分匹配的因果效应评估模型算法要求及优缺点

算法要求	① 处理变量 T 为二元分布，即 $T \in \{0,1\}$； ② 数据中不能存在缺项
优点	① 通常情况下是一种可靠的方法，在大多数情况下都能提供良好的协变量平衡； ② 该方法易于分析、呈现和解释
缺点	存在一些个体最终无法匹配，被排除在分析之外，导致精度的下降

基于倾向得分匹配的因果效应评估流程如图 3-29 所示。具体包括以下几个步骤：

（1）数据完备性及二元分布检验。对数据进行质量审核，鉴别数据类型，考察数据的完整性及逻辑性，并检验干预的分布情况是否为二元分布。

（2）参数识别。针对实验目的，根据研究者的经验及倾向得分法变量的选择要求，选择合适的混杂因素，即协变量集合，同时确定因变量与果变量，用于后续拟合倾向得分模型——Logistic 回归模型。

（3）数据范围选择。对数据的适用范围进行合理筛选，范围内的数据参与匹配与计算，范围外的数据不参与匹配。

（4）计算倾向得分。根据选定的模型计算每一个实验对象的倾向得分，值在 0 和 1 之间，表示实验对象被分配到实验组或对照组的概率。

（5）倾向得分匹配。常用的匹配方法有最近邻匹配法、马氏距离匹配法、卡钳匹配法。可以通过 1∶1 匹配原则的最近邻匹配法匹配具体有相似倾向得分的数据，并约束倾向得分之间差距不超过 0.1，以避免匹配到不相似的个体。

（6）协变量平衡性检查。根据数据匹配的结果，检查处理组和对照组的分配是否均衡合理，如果不平衡，可以通过改变协变量的设置及数据范围，并重复该过程，以获得满意的结果。

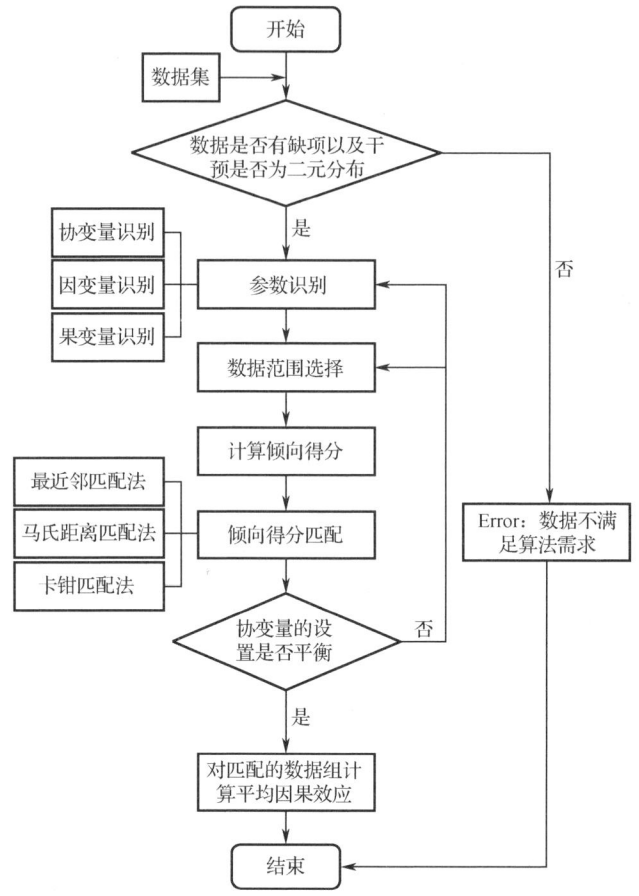

图 3-29 基于倾向得分匹配的因果效应评估流程

（7）计算因果效应。令 $D=1$ 表示接受干预，$D=0$ 表示未接受干预，$Y(1)$ 表示接受干预的结果，$Y(0)$ 表示未接受干预的结果。在倾向得分匹配方法中，通常以被干预的用户的平均干预效果，作为因果效应值计算因果效应值 ATT：

$$\tau_{\text{ATT}}^{\text{PSM}} = E_{P(X)|D=1}\{E[Y(1)|D=1,P(X)] - E[Y(0)|D=0,P(X)]\}$$

基于倾向得分匹配的因果效应评估方法能够计算出每个数据变量的倾向得分，数据变量的匹配分组情况，选定因变量与果变量之间的平均因果效应大小及回归模型，以表格形式输出相关计算结果，并输出赋值因果图。

3.4.4 基于工具变量的因果效应评估模型

工具变量是一种与内生解释变量相关，但与误差项不相关的变量。在因果关系评估中，当存在内生性问题，即解释变量与误差项相关时，普通最小二乘法（OLS）等传统估计方法会产生有偏和不一致的估计结果。而工具变量的作用就是通过利用其与内生解释变量的相关性，以及与误差项的不相关性，来分离出内生解释变量中与误差项不相关的部分，从而得到因果效应的一致估计。

我们可以用图 3-30 所示的因果效应评估示意图来展示可以用工具变量进行效果效应评估的情况。假设图中 X 是一个可被观测到的混淆变量，而 U 是一个隐藏的混淆变量，这阻碍了我们直接利用后门准则。那么，可以利用工具变量 Z 来达成因果效应评估。

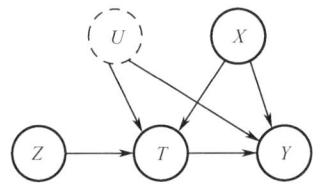

图 3-30　利用工具变量进行因果效应评估的示意图

以下为工具变量的定义。

考虑随机变量 Z、处理变量 T、果变量 Y 和特征 X，称 Z 是一个有效的工具变量，当且仅当它满足以下条件：

（1）Z 是外在变量；

（2）以观测到的特征为条件，Z 与 T 不相互独立，即

$$X \not\perp Y | Z$$

（3）以观测到的特征和对处理变量进行干预为条件，Z 与 Y 相互独立：

$$Z \perp Y | X, \mathrm{do}(T)$$

在结构结果模型中，Z 与 T 不相互独立意味着两种可能的情况：第一，在因果图中存在一条有向边 $Z \to T$；第二，存在一个以 X 为对撞因子的反向叉状图 $Z \to X \leftarrow T$。在实际问题中，第一种情况可能更常见。第二种情况看上去难以理解，因为它同时以 X 和 $\mathrm{do}(T)$ 为条件，这种情况常被称为排除约束。我们也可以用语言来表达这一点，即任何一条没有被阻塞的以 Z 为第一个点而 Y 为最后一个点的通路，都用一条有向边指向处理变量 T。实际上，用因果图来讲，它意味着以 Z 为第一个点而以 Y 为最后一个点的通路有且只有一条，就是 $Z \to T \to Y$。用文字表达则意味着工具变量 Z 对果变量 Y 的影响只能通过它对处理变量 T 的影响来达成。在文献中，卡耐基梅隆大学的 Cosma Shalizi 教授认为可以把工具变量 Z 对果变量 Y 的因果效应对应的干预分布分解成两部分，即工具变量 Z 对处理变量 T 的影响和处理变量 T 对果变量 Y

的影响。假设处理变量 T 是离散变量，可以用下式来表示这个分解过程：

$$P(Y|do(Z)) = \sum_t P(Y|do(T=t))P(T=t|do(Z))$$

下面分别介绍在结构因果模型和潜在结果框架下用工具变量进行因果效应评估的计算逻辑，以及两层线性回归模型和二元工具/Wald 估计模型。

1. 结构因果模型下的计算逻辑

首先，根据因果图定义一组线性的结构方程，如下式所示：

$$T = g(X,U,Z,e^T) = \alpha_Z Z + \alpha_X X + \alpha_Z Z + \alpha_0 + e^T$$

$$Y = f(X,U,T,e^Y) = \tau T + \beta_X X + \beta_U U + \beta_0 + e^Y$$

其中，假设两个噪声项 e^Y 和 e^T 都服从平均值为 0 的高斯分布，而 τ 便是想要得到的平均因果效应。这种能够用一个常数表示所有单位的因果效应的情况，称为同质性因果效应。在很多情况下，每个单位的因果效应可能不同，称这种情况下的因果效应为异质性因果效应。可以把上式中的第一个等式代入第二个等式的右边，然后化简得到下式：

$$Y = \tau \alpha_Z Z + (\tau \alpha_U + \beta_U)U + (\tau \alpha_X + \beta_X)X + \gamma_0 + \eta$$

其中，$\gamma_0 = \tau \alpha_0 + \beta_0$，而 $\eta = \tau e^T + e^Y$。那么得出下式：

$$E[Y|do(Z=1)] - E[Y|do(Z=0)] = E[Y|Z=1] - E[Y|Z=0] = \tau \alpha_z$$

第一个等式中，因为 Z 是外在变量，因此 $P(Y|do(Z=0)) = P(Y|Z)$。根据上式，可以算出：

$$E[Y|do(Z=1)] - E[Y|do(Z=0)] = \tau \alpha_z$$

类似地，可以根据线性结构因果模型和 Z 是外在变量，以及 $P(Y|do(Z)) = P(Y|Z)$ 这一事实得到下式：

$$E[Y|do(Z=1)] - E[Y|do(Z=0)] = E[T|Z=1] - E[T|Z=0] = \alpha_z$$

进而，可以得到线性结构因果模型下的比例估计量，如下式所示：

$$\tau = \frac{E[Y|Z=1] - E[Y|Z=0]}{E[T|Z=1] - E[T|Z=0]}$$

这里隐含的条件是分母 α_z 不为 0，即工具变量 Z 对处理变量 T 的因果效应不为 0。之后只需要利用回归或者分类模型（取决于 Y 取值是连续的还是离散的）估测等式右边的期望 $E[Y|Z]$ 和 $E[T|Z]$，即可完成因果效应评估。

2. 潜在结果框架下的计算逻辑

潜在结果框架下利用工具变量进行因果效应计算不需要对模型作线性假设，但只能识别到一个亚群的平均因果效应。在潜在结果框架中，考虑 Z，$T \in \{0,1\}$ 可以把工具变量 I 对果变量 Y 的个体因果效应 ITE 表示成：

$$\text{ITE} = Y_i(1, T_i(1)) - Y_i(0, T_i(0))$$

式中：1 和 0 为工具变量 I 的取值；$Y_i(Z, T_i(Z))$ 和 $T_i(Z)$ 分别为潜在结果和处理变量的函数形式，这种表达强调了工具变量对处理变量和果变量的取值的影响。注意，接下来会用 $Y_i(Z)$ 表示受工具变量影响的潜在结果，而 Y_i^T 表示受处理变量影响的潜在结果。然后可以由上式推导得到下式：

$$Y_i(1, T_i(1)) - Y_i(0, T_i(0))$$
$$= Y_i(T_i(1)) - Y_i(T_i(0))$$
$$= [Y_i^1 T_i(1) + Y_i^0(1 - T_i(1))] - [Y_i^1 T_i(0) + Y_i^0(1 - T_i(0))]$$
$$= [Y_i^1 - Y_i^0][T_i(1) - T_i(0)]$$

其中，第一个等式利用了之前的假设，即排除约束假设——工具变量 I 只通过影响处理变量 T 来影响果变量 Y。第二个等式可以直接由一致性得到。第三个等式则直接由数学推导获得。到这一步，仍然没有完成因果识别。区别在于它是个人级别的，里面的变量都带有下标 i。接下来对上式求期望，如下所示：

$$E[(Y_i^1 - Y_i^0)(T_i(1) - T_i(0))]$$
$$= E[Y_i^1 - Y_i^0 \mid T_i(1) - T_i(0) = 1] P(T_i(1) - T_i(0) = 1) -$$
$$E[Y_i^1 - Y_i^0 \mid T_i(1) - T_i(0) = -1] P(T_i(1) - T_i(0) = -1)$$

其中，等式右边的部分由 $Y_i(T_i(1)) - Y_i(T_i(0))$ 分解而来。注意，当 $T_i(1) - T_i(0) = 0$ 时，$Y_i(T_i(1)) - Y_i(T_i(0)) = 0$ 总是成立，所以这样的情况对应的因果效应总是为 0。接下来将讨论如何基于以上推导得到最简单的一个利用工具变量的因果效应的估计量。这里需要加入一个新的假设，即单调性（monotonicity）。

单调性是指处理变量的值随工具变量的值增大而不会变小，即 $T_i(1) \geq T_i(0)$，这意味着 $P(T_i(1) - T_i - 1) = 0$。

单调性假设可以使上式右边的第二项为 0，因为 $P(T_i(1) - T_i - 1) = 0$。这样就可以得到经典的比例估计量，如下式所示：

$$E[Y_i^0 - Y_i^0 \mid T_i(1) - T_i(0) = 1] = \frac{E[(Y_i(1) - Y_i(0))(T_i(1) - T_i(0))]}{P(T_i(1) - T_i(0) = 1)}$$

$$= \frac{E[(Y_i(1) - Y_i(0))]}{E[(T_i(1) - T_i(0))]}$$

其中，等式左边的期望是估测的目标，即所谓的局部平均因果效应（Local Average Treatment Effect，LATE）。局部代表只考虑那些满足单调性的个体，也有人把它称为服从者平均因果效应。服从者也是代表满足单调性的个体组成的亚群。到这一步则可以利用工具变量是外在变量这一点，把等式右边出现的受工具变量 Z 影响的潜在结果和处理变量（这里处理变量也可以看作是受工具变量影响的潜在结果）这些因果量替换为相应的统计量。因为工具变量是外在变量，在潜在结果框架下有

$$Z_i \perp \{Y_i(1), Y_i(0), T_i(1), T_i(0)\}$$

这有时也被称为随机化假设。基于这些独立条件，可以将 $E[(Y_i(1) - Y_i(0))]$ 和 $E[(T_i(1) - T_i(0))]$ 这两个因果量写成统计量，如下所示：

$$E[(Y_i(1) - Y_i(0))] = E[Y_i(1)] - E[Y_i(0)]$$
$$= E[Y_i(1)|Z=1] - E[Y_i(0)|Z=0]$$
$$= E[Y|Z=1] - E[Y|Z=0]$$

类似地，可以得到 $E[(T_i(1) - T_i(0))] = E[T|Z=1] - E[T|Z=0]$。这样就完成了在潜在结果框架中利用工具变量对局部平均因果效应的因果识别，即利用比例估测量来估测局部平均因果效应，如下式所示：

$$E[Y_i^0 - Y_i^0 \mid T_i(1) - T_i(0) = 1] = \frac{E[Y|Z=1] - E[Y|Z=0]}{E[T|Z=1] - E[T|Z=0]}$$

基于工具变量的因果效应评估方法是一类常见的处理存在隐藏混淆变量的情况的方法，其评估流程如图 3-31 所示。若混淆变量无法观测时，找到 T 对应的工具变量 Z，计算 T 对 Y 的因果效应，具体有两种方法：一种是两层线性回归，另一种是二元工具/Wald 估计。如果该工具变量不为二元分布（比如是否执行某项政策，1 表示执行，0 表示不执行），通过两层线性回归间接估计 T 对 Y 的因果效应。如果工具变量为二元分布即 Z 为二元变量（二元工具）时，T 对 Y 的因果效应值是 Z 为 0 和 1 时 T 的估计期望差值的比例（Wald 估计）；当 Z 为连续变量时，T 对 Y 的因果效应值为 Y、Z 的协方差除以 T、Z 的协方差。

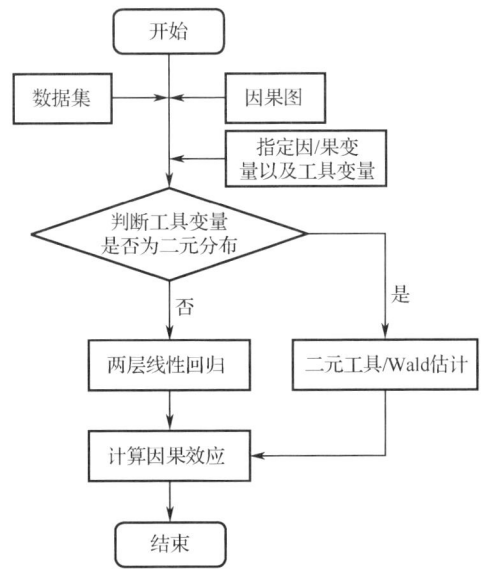

图 3-31 基于工具变量的因果效应评估流程

3. 两层线性回归模型

对于无法使用后门准则以及待评估的因果变量之间相关性不高的情况，可以利用两层线性回归模型进行变量之间因果效应的评估。如图 3-32 所示，U 为隐藏混淆变量，X 为处理变量，Y 为果变量，两层线性回归的基本思想是将处理变量即因变量 X 分解为两个部分，一部分 X' 与隐藏混淆变量 U 相关，X 对 Y 的真实因果效应即为 X' 对 Y 的因果效应；另一部分 Z 与隐藏混淆变量 U 不相关，作为工具变量。在实际运用过程中，通常是找到 X 的 1 个或多个工具变量，间接计算 X 对 Y 的因果效应。

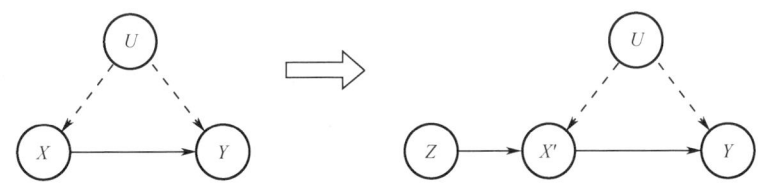

图 3-32 两层线性回归的基本思想

下面介绍两层线性回归模型的计算逻辑。

考虑一个线性模型：

$$y = X \cdot \beta + \varepsilon$$

式中：y 为 $(n\times1)$ 维列向量；X 为 $[n\times(k+1)]$ 维回归变量矩阵，它的第一列全为 1，作为截距的占位符；β 为 $[(k+1)\times1]$ 维列向量。假设 X 中前 p 列是外生变量，

后 q 列为内生变量，有 $1+p+q=k$：

$$X = \begin{bmatrix} 1 & x_{12} & \cdots & x_{1p} & x_{1(p+1)} & \cdots & x_{1k} \\ \vdots & \vdots & \vdots & \vdots & \vdots & \vdots & \vdots \\ 1 & x_{n2} & \cdots & x_{np} & x_{n(p+1)} & \cdots & x_{nk} \end{bmatrix}$$

（上方标注：←外生→ ←内生→）

假设能够识别出 q 个工具变量（对应矩阵 X 的后 q 列内生变量，这两组数据之间具有相关性），由此构建矩阵 Z，同矩阵 X 类似，矩阵 Z 的第一列均为 1，接下来的 p 列数据同矩阵 X 的 p 列外生变量一致，最后 q 列数据是矩阵 X 的 q 列内生变量对应的工具变量，因此，矩阵 Z 是 $[n\times(k+1)]$ 维：

$$Z = \begin{bmatrix} 1 & z_{12} & \cdots & z_{1p} & z_{1(p+1)} & \cdots & z_{1k} \\ \vdots & \vdots & \vdots & \vdots & \vdots & \vdots & \vdots \\ 1 & z_{n2} & \cdots & z_{np} & z_{n(p+1)} & \cdots & z_{nk} \end{bmatrix}$$

（上方标注：←外生→ ←工具变量→）

进而，求解出参数 β：

$$(Z' \cdot X)^{-1} \cdot Z' \cdot y = (Z' \cdot X)^{-1} \cdot Z' \cdot X \cdot \beta \Rightarrow \beta = (Z' \cdot X)^{-1} \cdot Z' \cdot y$$

其中，Z、X 和 y 都是可观测的变量，因此，只要 X 中的内生变量和 Z 中的工具变量是一一对应的关系，就可以求解出参数 β。由此给出工具变量（IV）实现在有限样本中的参数估计：

$$\hat{\beta}_{\text{IV}} = (Z' \cdot X)^{-1} \cdot Z' \cdot y$$

但是，能够求解出参数 β 的前提之一是 $Z' \cdot X$ 是一个方阵，这在有些情况下可能无法得到满足。因此，需要一个不同的方法去估计参数 β，于是引出了两层线性回归。

假设 Y 是果变量，X_2、X_3、X_4、X_5、X_6 为外生变量，X_7 为内生变量，ε 为噪声项，有

$$Y = \beta_1 + \beta_2 \cdot X_2 + \beta_3 \cdot X_3 + \beta_4 \cdot X_4 + \beta_5 \cdot X_5 + \beta_6 \cdot X_6 + \beta_7 \cdot X_7 + \varepsilon$$

对于内生变量 X_7，找到了两个工具变量 X_{IV_1} 和 X_{IV_2}：

$$Y = \beta'_1 + \beta'_2 \cdot X_2 + \beta'_3 \cdot X_3 + \beta'_4 \cdot X_4 + \beta'_5 \cdot X_5 + \beta'_6 \cdot X_6 \\ + \beta'_7 \cdot X_{\text{IV}\_1} + \beta'_8 \cdot X_{\text{IV}\_2} + \varepsilon$$

由于此时的 $Z' \cdot X$ 不是一个方阵，因此不能直接求解参数 β，需要两层线性回归方法。首先将内生变量与所有外生变量和工具变量进行回归：

$$X_7 = \gamma_1 + \gamma_2 \cdot X_2 + \gamma_3 \cdot X_3 + \gamma_4 \cdot X_4 + \gamma_5 \cdot X_5 + \gamma_6 \cdot X_6 \\ + \gamma_7 \cdot X_{\text{IV}\_1} + \gamma_8 \cdot X_{\text{IV}\_2} + v$$

式中：v 为噪声项；内生变量 X_7 与两个工具变量 X_{IV_1} 和 X_{IV_2} 本身就是相关

的，也会受到这些外生变量的影响。由于上式回归模型中所有变量都是外生变量，因此可以通过最小二乘（OLS）估计模型参数：

$$\hat{X}_7 = \hat{\gamma}_1 + \hat{\gamma}_2 \cdot X_2 + \hat{\gamma}_3 \cdot X_3 + \hat{\gamma}_4 \cdot X_4 + \hat{\gamma}_5 \cdot X_5 + \hat{\gamma}_6 \cdot X_6 \\ + \hat{\gamma}_7 \cdot X_{IV\_1} + \hat{\gamma}_8 \cdot X_{IV\_2}$$

式中：$\hat{X}_7$ 为 X_7 的预测值。$\hat{X}_7$ 只包含了 X_7 的外生变量部分，并不包含噪声项，因此，将 $\hat{X}_7$ 代入初始回归模型中：

$$Y = \beta_1 + \beta_2 \cdot X_2 + \beta_3 \cdot X_3 + \beta_4 \cdot X_4 + \beta_5 \cdot X_5 + \beta_6 \cdot X_6 + \beta_7 \cdot \hat{X}_7 + \varepsilon$$

上式所包含的回归变量均为外生变量，可以由最小二乘估计参数 β。

两层线性回归的算法步骤如图3-33所示。

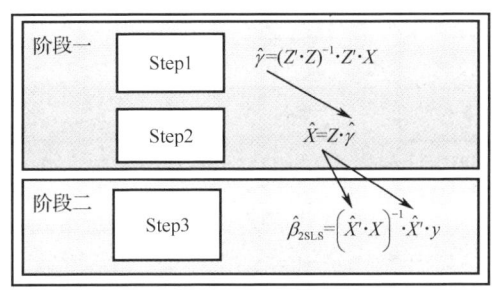

图3-33 两层线性回归的算法步骤

其一般步骤总结如下：

（1）阶段一。首先建立如下回归模型：

$$X = Z \cdot \gamma + v$$

式中：γ 为回归系数向量；v 为噪声项。由此通过最小二乘估计系数 $\hat{\gamma}$：

$$\hat{\gamma} = (Z' \cdot Z)^{-1} \cdot Z' \cdot X$$

从而给出 X 的估计值 $\hat{X}$：

$$\hat{X} = Z \cdot \hat{\gamma}$$

（2）阶段二。在理想情况下，可以直接通过最小二乘估计参数 β：

$$\hat{\beta}_{IV} = (Z' \cdot X)^{-1} \cdot Z' \cdot y$$

由于 $Z' \cdot X$ 通常不是一个方阵，需要将 X 的估计值 $\hat{X}$ 代替 Z：

$$\hat{\beta}_{2SLS} = (\hat{X}' \cdot X)^{-1} \cdot \hat{X}' \cdot y$$

基于两层线性回归的因果效应评估模型以表格形式输出相关计算结果，并输出赋值因果图以及得到的两层线性回归模型。

4. 二元工具/Wald 估计模型

二元工具/Wald 估计其实是两层线性回归的一种特殊情况，即工具变量为二元分布的情况（也可以扩展到连续分布的情况）。因此，基于二元工具/Wald 估计的因果效应评估方法同样适用于混杂变量无法观测，即混杂变量没有数据的情况。

基于二元工具/Wald 估计的因果效应评估流程如图 3-34 所示。

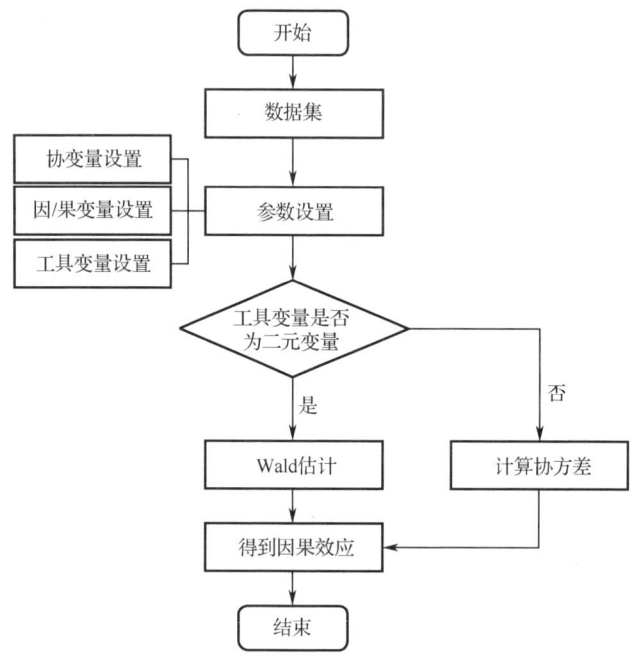

图 3-34 基于二元工具/Wald 估计的因果效应评估流程

基于二元工具/Wald 估计的因果效应评估首先需要对协变量、因果变量及工具变量进行选择和设置。若工具变量 Z 为离散二元变量，假设 $Y = \delta T + \alpha_u X$，通过 Wald 比例估计量估计 τ：

$$E[Y|Z=1] - E[Y|Z=0] = \tau(E[T|Z=1] - E[T|Z=0])$$

$$\tau = \frac{E[Y|Z=1] - E[Y|Z=0]}{E[T|Z=1] - E[T|Z=0]}$$

若工具变量 Z 为连续变量，通过计算协方差比例 δ，估计平均因果效应 ATT：

$$\mathrm{Cov}(Y,Z) = E[YZ] - E[Y]E[Z] = \delta \mathrm{Cov}(T,Z)$$

$$\delta = \frac{\mathrm{Cov}(Y,Z)}{\mathrm{Cov}(T,Z)}$$

基于二元工具/Wald 估计的因果效应评估方法能够根据用户选择的工具变量，得出选定因变量和果变量间的因果效应，以表格形式输出相关计算结果，并输出赋值因果图。

3.5 反事实推断模型

反事实推断是指对于一个因果关系，将因变量进行否定后（假设与因变量事实情况相反的情况发生）重新预测分析果变量结果，用以进一步检验因果关系的正确性。常用的反事实推断模型有三种：添加随机混杂因子模型、安慰剂干预模型、数据子集验证模型。

3.5.1 反事实推断流程

反事实推断的流程如图 3-35 所示。

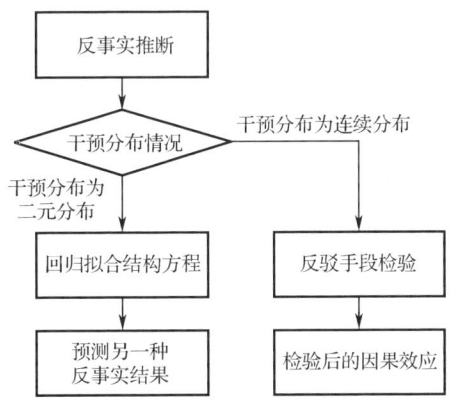

图 3-35　反事实推断流程

反事实推断通常采用回归的方法得到因果变量之间的结构方程，同时要求对处理变量 T 的干预是一个二元分布，即 0 或 1。对于因变量的干预分布不是二元分布的情况，即干预是连续分布的情况，需要依靠反驳的手段。这些反驳的方法不是具体的算法，而是对用于计算因果效应的数据集进行调整，来验证因变量对果变量影响效应的正确性。以基于数据子集验证的反驳策略为例：随机删除一部分数据，新的数据为原数据的一个子集，利用子集重新计算 T 对 Y 因果效应，检验因果效应是否发生变化。

反事实推断模型能够依照用户判断的检验方法生成相关数据集，并重新

进行因果效应估计,生成因果效应检验估计样本并进行对比。结果输出的方式如下:

(1)以表格的形式输出检验重新生成的因果效应与原因果效应估计结果,以及它们之间的差异大小及比例;

(2)以柱状图、折线图等方式展示本模型得到的因果效应检验计算样本与原因果效应估计结果的对比情况;

(3)根据输入的赋值因果图和用户设置改变的反事实因变量输出所导致的果变量,即与分析问题对应的二分(如成功/失败)或数值的反事实推断结果。

3.5.2 添加随机混杂因子模型

添加随机混杂因子模型是通过增加一个随机生成的混淆变量,即对于一个因果关系 T 对 Y,将一个与因果变量都相互独立的随机变量作为混杂因子添加到这个因果关系中,来重新计算 T 对 Y 因果效应,检验因果效应是否发生变化。具体实施步骤如下:

(1)确定添加的随机混杂因子。根据研究问题和领域知识,分析可能存在的未观测混杂因素的特征和影响机制,确定要添加的随机混杂因子的类型和性质。例如,在评估科研奖励制度对科研产出的影响时,随机混杂因子可以是科研人员的经验、研究领域的热度等。

(2)生成随机混杂因子数据。采用合适的随机生成方法,根据确定的随机混杂因子的分布和特征,生成相应的数据。这可能涉及使用随机数生成器、概率分布函数等工具,确保生成的数据具有合理的统计特性和与其他变量的相关性。

(3)将随机混杂因子纳入模型。把生成的随机混杂因子数据与原有的处理变量、结果变量等数据结合起来,纳入到反事实推断模型中。可以通过在回归模型中添加新的变量项、在因果图模型中引入新的节点和边等方式,使模型能够考虑到随机混杂因子的影响。

(4)进行反事实推断和分析。利用包含随机混杂因子的模型,进行反事实推断和因果效应估计。通过比较不同处理组在反事实情况下的结果,分析处理变量对结果变量的因果效应,并评估随机混杂因子对因果效应估计的影响,如是否减小了估计偏差、提高了估计的稳定性等。

3.5.3 安慰剂干预模型

安慰剂干预模型类似于医学实验中的安慰剂组,是用安慰剂数据(Placebo)代替真实的处理变量,即对一个因果关系 T 对 Y,将一个与因果变量都相互独立的随机变量 T' 替换 T,来重新计算 T' 对 Y 因果效应,检验因果效应是否发生变化。在科研管理制度中,是模拟一种没有实际制度干预效果的"虚假"干预,用于对比真实制度干预的效果,排除心理预期等因素的干扰。具体实施步骤如下:

(1)设计安慰剂。根据真正干预的特点和研究目的,设计合适的安慰剂。安慰剂需要在各方面尽可能与真正的干预相似,以确保参与者无法分辨自己接受的是真正干预还是安慰剂。例如,假设某高校为提升科研成果转化效率,推出"科研转化加速计划",真实干预措施涵盖专业培训、企业对接资源、扶持基金等。安慰剂干预可以是开展科研交流活动,定期组织科研人员参加学术讲座,但讲座内容仅围绕基础科研进展,不涉及转化相关技巧及与企业对接信息等。

(2)随机分组。将研究对象随机分配到干预组和安慰剂组。随机分组可以保证两组在基线特征上具有可比性,减少选择偏差,使两组除了接受的干预不同外,其他可能影响结果的因素在理论上是均衡的。

(3)实施干预和数据收集。对干预组实施真正的干预,对安慰剂组实施安慰剂干预,并在相同的时间和条件下,收集两组的结果数据。收集的数据应包括与研究目的相关的各种指标,如科研转化数量、转化收益等。

(4)因果效应估计。通过统计分析方法,比较干预组和安慰剂组在结果变量上的差异,以此来估计干预的因果效应。比如,如果干预组在转化数量、转化收益等指标上明显优于安慰剂干预对照组,就表明"科研转化加速计划"确实对提升科研成果转化效率有积极作用。常用的方法包括均值比较、回归分析等,根据具体的研究设计和数据特点选择合适的方法。

3.5.4 数据子集验证模型

数据子集验证模型是随机删除一部分数据,新的数据为原数据的一个随机子集,利用不同的数据子集重新计算 T 对 Y 因果效应,来检验因果效应是否发生变化,以确保评估的稳定性和可靠性。不同子集可能因为自身特点(如不同学科、不同职称的科研人员)对制度有不同的反应。具体实施步骤如下:

(1)数据子集划分。根据一定的规则或方法,将原始数据集划分为多个子集。划分方法可以是随机抽样、按照特定变量分层抽样等。例如，按照时间顺序将数据划分为不同时间段的子集，或者按照某个特征变量的取值范围将数据分为不同的子集。以评估科研人员绩效考核制度为例，按照科研人员的学科领域（如理工科、文科）或者职称（如初级、中级、高级）将数据划分为不同子集。

（2）反事实推断在子集上的应用。针对每个数据子集，运用选定的反事实推断方法进行分析，得到相应的反事实推断结果。比如，在每个子集内比较绩效考核制度实施前后科研人员的工作成果（如专利数量、科研项目完成进度等）变化。这可能涉及构建因果模型、设定反事实条件、计算反事实结果等步骤，具体方法根据不同的反事实推断框架和模型而定。

（3）结果比较与分析。比较不同数据子集上的反事实推断结果，分析结果之间的差异和一致性。可以采用统计方法计算结果的均值、方差、置信区间等指标，评估结果的稳定性和可靠性。同时，观察不同子集上结果的变化趋势，判断是否存在某些子集导致结果出现明显偏离的情况。

（4）模型调整与优化。根据结果比较和分析的情况，对反事实推断模型进行调整和优化。如果发现某些子集上的结果存在问题，可能需要检查数据质量、调整模型参数、改进模型结构或选择更合适的反事实推断方法，以提高模型在不同数据子集上的表现和推断的准确性。以绩效考核制度为例，如果在大多数子集内观察到了绩效考核制度对工作成果有积极的促进作用，那么可以认为该制度整体上是有效的；如果在某些子集内没有效果甚至是负面效果，就需要进一步分析原因。

3.6 基于决策树的对比分析模型

3.6.1 决策树分析流程

决策树是一种基于树形结构的数据挖掘算法，它通过对数据的特征进行分析，生成一棵决策树，从而实现对数据的分类。生成的决策树可以直观地展示分类过程，具有直观、灵活、可解释性强、计算效率高等优点，被广泛应用在各大领域。

基于决策树模型的新旧制度对比分析是指通过决策树算法，在完成因果关系识别、因果效应评估以及反事实推断验证后，针对不同的果变量及其相关的因变量，构建决策树，获取数据集的决策路径，分析新老条款的关键变化因子，寻找变化因子的最佳区间，为科研管理制度优化调整提供决策建议。

具体流程如图 3-36 所示。

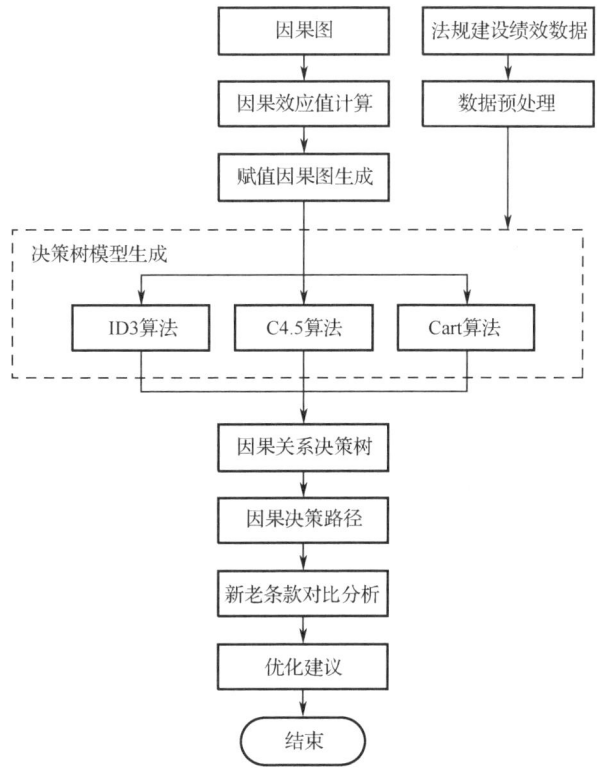

图 3-36　基于决策树模型的新旧制度对比分析流程

（1）算法输入：通过因果关系识别和因果效应评估生成赋值因果图，获取关键因子间的量化因果关系；制度建设绩效数据经过数据预处理，得到能够输入决策树模型的数据集。

（2）决策树模型生成：根据 ID3、C4.5、Cart 等决策树算法，通过实验数据集构建不同果变量及其相关因变量的决策树。

（3）新老条款对比：根据因果关系决策树，获取不同条款建设绩效的因果决策路径，分析不同条款应用条件下所导致的结果，分析关键变化因子，得到制度条款的优化调整建议。

3.6.2　决策树分析算法

基于决策树的新旧制度对比分析方法主要依赖于决策树算法建立用户关注的果变量与其因变量对应的树状关系图，从而使用户直观看出不同变化条件下所导致的实施效果，得到关键因子，完成新老条款对比。

决策树算法是像树一样的结构，包括根节点、内部节点、叶子节点三部分。根节点代表着一种属性，内部节点表示属性特征，叶子节点表示输出的结果。

决策树算法通常包括数据特征选取、模型生成、决策树剪枝。按照自己的要求对算法进行选取，比如 ID3 算法依据的是信息增益，ID3 算法经过改进优化后的 C4.5 算法依据信息增益率，Cart 算法依据基尼系数等。

1. 决策树 ID3 算法

ID3 算法是一种分类预测算法，它使用信息熵（表示数据的混乱程度，熵值越大，数据越混乱）和信息增益度（根据属性划分数据前后信息熵的差值）作为衡量标准，以确定哪个属性最适合作为测试属性。ID3 算法会选择那些能够导致信息下降速度最快的属性作为测试属性，通过每次选择一个能最大限度降低信息熵的属性来划分数据集，逐步构建决策树，使得最终的决策树能够对数据进行高效准确的分类。

在该算法中，需要计算每个属性的信息熵和信息增益，这些指标通常用于衡量属性对数据集分类的贡献。对于连续属性，需要将其离散化才能应用 ID3 算法。因此如果数据集中有连续的属性，ID3 算法是无法进行处理的，或者是将这些属性离散化后才可以。

ID3 算法的计算过程如下：

（1）计算整个数据集的信息熵。对于一个具有 n 个类别（$C_1, C_2, \cdots, C_n$）的数据集 D，信息熵 $H(D)$ 的计算公式为

$$H(D) = -\sum_{i=1}^{n} p_i \log_2 p_i$$

式中：p_i 为数据集 D 中属于类别 C_i 的样本占总样本的比例。例如，有 10 个科研项目，一般项目数量为 6，优秀项目数量为 4，则 $p_1 = 0.6$，$p_2 = 0.4$，信息熵 $H(D) = -(0.6 \times \log_2 0.6 + 0.4 \times \log_2 0.4)$。信息熵越大，表示数据集越混乱。如果所有样本都属于同一类别，信息熵为 0，表述数据非常"纯净"；当不同类别样本比例比较均衡时，信息熵会比较高，表示数据比较混乱。

（2）对每个属性，计算使用该属性划分数据集后的信息熵。当使用某个属性 A 来划分数据集 D 时，计算得到的信息熵称为条件熵，用 $H(D|A)$ 表示。假设总共有 N 个项目，有一个制度属性 A 为"是否有经费奖励制度"，它有两个取值：是（a_1）和否（a_2）。属性 A 取值为"是"的子集 D_1 涵盖 N_1 个项目，

其中一般项目数量为 n_{11}，优秀项目数量为 n_{12}，则 $p_{11} = \dfrac{n_{11}}{N_1}$，$p_{12} = \dfrac{n_{12}}{N_1}$，子集 D_1 的信息熵为 $H(D_1) = -(p_{11} \times \log_2 p_{11} + p_{12} \times \log_2 p_{12})$。属性 A 取值为"否"的子集 D_2 涵盖 N_2 个项目，其中一般项目数量为 n_{21}，优秀项目数量为 n_{22}，则 $p_{21} = \dfrac{n_{21}}{N_2}$，$p_{22} = \dfrac{n_{22}}{N_2}$，子集 D_2 的信息熵为 $H(D_2) = -(p_{21} \times \log_2 p_{21} + p_{22} \times \log_2 p_{22})$。进而，条件熵的计算公式为

$$H(D|A) = \dfrac{N_1}{N} H(D_1) + \dfrac{N_2}{N} H(D_2)$$

式中：$N_1 + N_2 = N$。

（3）求得信息增益，即计算过程（1）求得的整体信息熵与过程（2）求得的不同制度属性划分后的条件熵之差，公式如下：

$$\text{Gain}(A) = H(D) - H(D|A)$$

选择信息增益最大即信息熵减少量最大的属性作为当前节点。

（4）根据所选属性，将数据集划分为多个子集，对每个子集重复上述步骤，直到满足停止条件，如所有子集属于同一类别或者没有属性可用于划分。

根据上述计算过程，ID3 算法的实现步骤如下：

（1）初始化决策树 T，创建节点 N，若数据集中包含一类属性 Q，则返回 N 作为树的根节点，Q 为全体属性集。

（2）若"决策树 T 中全部有叶子节点 (X', Q') 均满足条件：属性 X 类别相同或 Q' 为空"，则停止。

（3）否则取任意一个状态与步骤（2）中不同的叶子节点 (X', Q')。

（4）遍历 Q' 中的属性 A，计算并记录信息增益 $\text{Gain}(A)$。

（5）对于叶子节点 (X', Q')，选择具有信息增益最大的属性 B 开展下一步测试。

（6）对属性 B 中每一项 b_i，从该节点 (X', Q') 深处分支，代表测试输出 $B = b_i$；计算得到 X 中属性值等于 b_i 的子集 X_i，并构建一个新的叶子节点 $(X', Q' - \{B\})$。

（7）跳转步骤（2）。

ID3 算法是一种贪心算法，采用自顶而下、分而治之的递归方法构建决策树。该递归的终止条件是：节点内所有样本属于同一类别。如果没有属性可以用来划分目前的数据集，然后使用投票原则使其成为一个强制叶子节点，并将其标记为具有的类别最多的样本类型。

ID3 算法的是依据信息增益进行判断，信息增益越大，就表明用作此节

点划分属性更容易，最终属性只有一个的时候迭代结束，生成决策树。但是ID3算法还是存在缺陷的，数据集过小导致属性特征分类不充分，造成停止；在属性选择上会从根节点和内部节点选择，属性取值偏向属性较多的，一些属性较少的部分没有取到，造成决策树数据信息不完善的情况。

2. 决策树 C4.5 算法

C4.5 算法是一种改进的 ID3 算法，更偏爱多值属性，另外还加入了信息增益率，将信息增益进行了下一步的计算，依据信息增益率选择属性。C4.5 算法能够训练有缺失属性的数据集，并能够将连续数据转化为离散形式进行处理。

信息增益率的计算公式为

$$\text{Gain\_Ratio}(A) = \frac{\text{Gain}(A)}{\text{Split}(A)}$$

式中：$\text{Split}(A) = -\sum_{i=1}^{v} \frac{N_i}{N} \log_2 \frac{N_i}{N}$，属性 A 有 v 个不同的取值。$\text{Split}(A)$ 衡量了属性 A 划分数据集 D 的纯度。通过计算不同属性的信息增益率，选择具有最大信息增益率的属性作为划分节点来构建决策树。

C4.5 算法具有以下优势：

（1）易于理解和解释：决策树可以呈现出直观的树形结构，可以通过分支节点和叶子节点来解释决策流程，便于人们理解和展示。

（2）对数据的处理要求较低：决策树算法可以处理包含多个特征的数据，并且对特征的选择和处理要求较低，不需要进行数据的归一化或标准化处理。

（3）适用于多分类问题：决策树算法可以有效地处理多分类问题，并且能够自动构建出复杂的分类规则。

（4）具有较高的准确性：决策树算法的准确性通常比较高，尤其是在面对大型数据集时表现得更为突出。

（5）可以处理缺失值：由于决策树算法可以将样本分裂成足够小的子集，所以该算法对于数据中的缺失值具有一定的容忍度。

3. 决策树 Cart 算法

Cart（Classification and Regression Tree）算法既可以用于分类问题，也可以用于回归问题。在科研管理制度评估这个场景下，Cart 算法的目标是构建一个二叉决策树，通过对科研管理相关属性（如管理制度是否包含激励措施、是否有严格的监督机制等）进行判断，将科研项目（或科研团队等）划分为不同的类别。

Cart算法使用基尼系数（Gini Coefficient）来衡量数据的纯度，基尼系数越小，数据纯度越高。这和ID3算法、C4.5算法使用信息熵的概念类似，但计算方式和选择标准有所不同。

Cart算法的计算过程如下：

（1）计算整个数据集的基尼系数。对于一个具有n个类别（$C_1, C_2, \cdots, C_n$）的数据集D，基尼系数的计算公式为

$$\text{Gini}(D) = 1 - \sum_{i=1}^{n} p_i^2$$

式中：p_i为数据集D中属于类别C_i的样本占总样本的比例。

（2）计算按照每个属性划分数据集后的条件基尼系数。假设用属性A来划分数据集D，属性A取值为"是"的子集D_1涵盖N_1个项目，属性A取值为"否"的子集D_2涵盖N_2个项目，$N_1 + N_2 = N$。则条件基尼系数的计算公式为$\text{Gini}(D|A) = \frac{N_1}{N}\text{Gini}(D_1) + \frac{N_2}{N}\text{Gini}(D_2)$，其中$\text{Gini}(D_1)$、$\text{Gini}(D_2)$分别表示按第一步类似的方法计算出的子集$D_1$、$D_2$的基尼系数。

（2）选择划分属性。选择条件基尼系数最小的属性作为当前节点的划分属性，因为这意味着划分后的数据纯度最高。不断重复这个过程，递归地构建决策树，直到满足停止条件。

Cart算法停止计算的条件是节点中的样本个数小于预定阈值，或数据集的基尼指数小于预定阈值，或者没有更多特征。

4．决策树模型特征与选取

三种决策树模型具有不同的特征，可以根据不同情况进行选取。三种决策树的划分准则如下：

（1）ID3树模型：使用信息增益最小化来选择分类任务节点（离散特征）；

（2）C4.5树模型：使用信息增益率最小化来选择分类任务节点（离散特征）；

（3）Cart树模型：使用基尼系数最小化来选择分类任务节点（离散特征），使用平方误差最小化来选择分类任务节点（离散特征）。

ID3树模型、C4.5树模型只能用于分类任务处理离散特征，且生成的树

可以是多叉树，由选择的划分特征的类别数决定。

Cart树模型可用于分类任务处理离散特征，也可用于回归任务处理连续特征，但生成的树只能是二叉树。

ID3树模型和C4.5树模型根据对应的划分准则生成子节点后将使用的特征剔除，但Cart模型是将使用的特征的对应值剔除，也就是说Cart树模型中一个特征可以参与多次节点的生成，ID3树模型和C4.5树模型中每个特征只能参与一次节点的生成。

第 4 章
基于因果推断法的科研管理制度建模分析智能原型系统架构

本章主要介绍基于因果推断法的科研管理制度建模分析智能原型系统架构，从而将前述建模分析过程及模型方法具象化。系统建设的基本思路是：提炼典型科研管理制度建模分析需求，剖析建模流程中因果关系构建、因果关系识别、因果效应评估、反事实推断以及对比分析等环节的主要功能，支持用户通过友好人机交互界面完成典型管理措施建模分析，并对科研管理制度建模分析可行性进行验证。具体的系统功能实现逻辑、输入输出、异常处理方法等将在第 5 章进行介绍。

4.1 系统功能组成

科研管理制度建模分析智能原型系统的功能组成如图 4-1 所示，包含因果关系构建、因果关系识别、因果效应评估、反事实推断以及对比分析等 5 个分系统，共 14 个功能模块。

1. 因果关系构建分系统

该系统主要提供科研管理制度对象管理、条款项构建、条款项因果变量抽取、模型对象构建以及模型因果变量配置等子功能，支持用户针对外部数据库导入的格式化科研管理制度数据或文本类非结构化科研管理制度文本完成科研管理制度模型因果关系的构建。

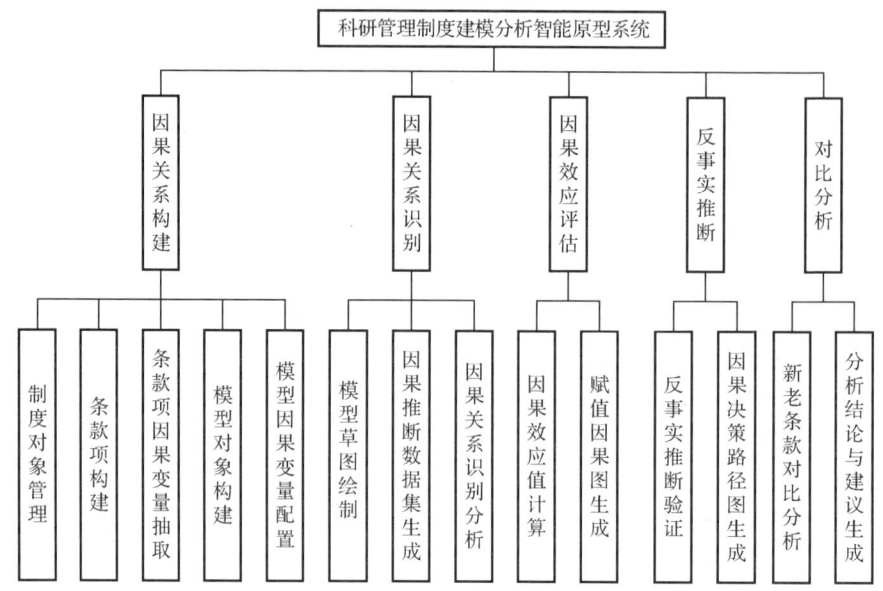

图 4-1 科研管理制度建模分析智能原型系统功能组成图

2. 因果关系识别分系统

该系统主要提供模型草图绘制、因果推断数据集生成以及因果关系识别分析等子功能,支持用户基于已构建的因果模型对象和因果变量,结合有向无环图(DAG)的严格约束,初步绘制因果变量之间的关系图,并根据因果变量生成因果推断数据集,运用图论准则和干预演算等手段完成因果关系的识别。

3. 因果效应评估分系统

该系统提供因果效应值计算和赋值因果图生成功能,支持用户基于因果关系识别分系统输出的因果关系图,利用倾向分层、倾向匹配等手段,计算因果关系图中措施与效果之间的因果效应值,并进行显著性检验,输出赋值因果图。

(1)因果效应值计算。因果效应值计算软件界面如图 4-2 所示。软件左上方为计算配置栏,支持用户对模型对象、因果效应评估算法进行选择配置。软件中部界面为因果图显示界面,软件下部为因果图计算结果呈现界面,能够对因果图中每一对因果变量之间的因果效应进行评估和检验计算,并列表显示。

(2)赋值因果图生成。赋值因果图生成软件界面如图 4-3 所示。软件上方显示赋值因果图,因果关系使用有向边描述,因果效应的大小和正向性使用有向边上标注的因果值体现。

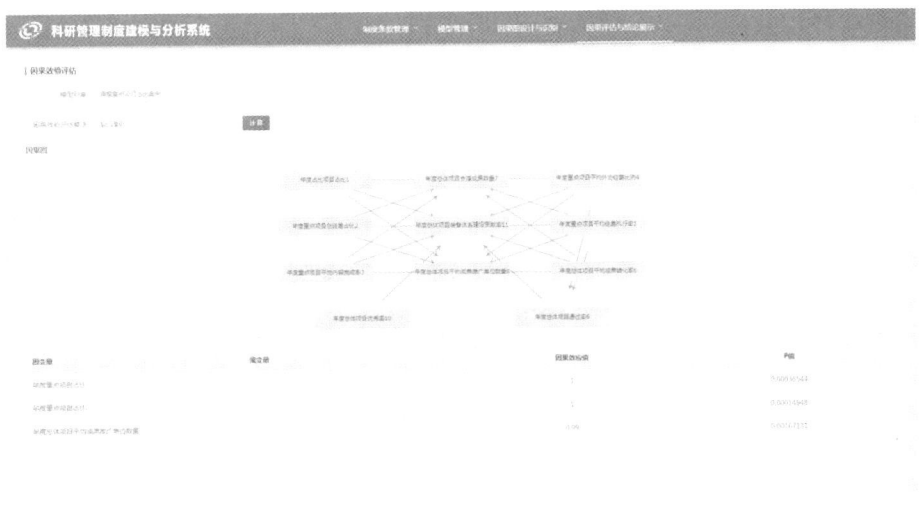

图 4-2　因果效应值计算软件界面图

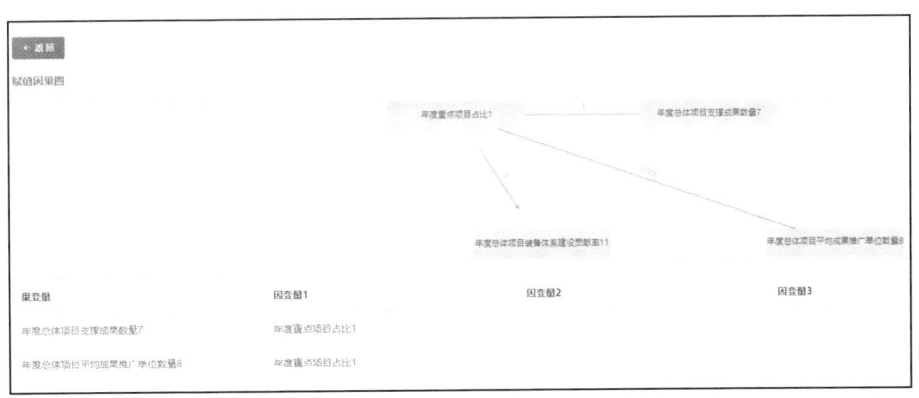

图 4-3　赋值因果图生成软件界面图

4．反事实推断分系统

该系统提供反事实推断验证和因果决策路径图生成子功能，支持用户针对因果关系效应评估结果，利用添加混杂因子、数据子集验证等方法，对因果图中各变量关系进行反事实推断，检验在多变量互相影响下，措施与效果之间因果关系的正确性和因果效应值的可信性。

（1）反事实推断验证。反事实推断验证软件界面如图 4-4 所示。软件左上方为计算配置栏，支持用户对模型对象、反事实推断算法进行选择配置。软件中部界面为因果图显示界面，软件下部为反事实推断验证结果呈现界面，能够对因果图中每一对因果变量之间的因果效应进行反事实推断，并列表显示反事实推断因果效应值和验证结果。

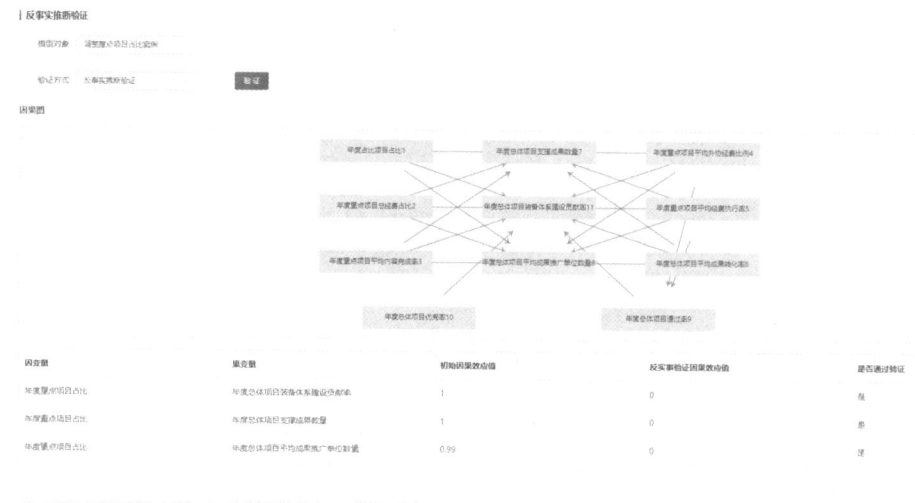

图 4-4　反事实推断验证软件界面图

（2）因果决策路径图生成。因果决策路径图生成软件界面如图 4-5 所示。软件基于因果效应生成结果，自动完成决策树生成节点配置，输出决策路径图。

图 4-5　因果决策路径图生成软件界面图

5．对比分析分系统

该系统提供新老条款对比分析和分析结论与建议生成子功能，支持用户针对科研管理制度的新老条款，基于因果推断结论，对不同条款措施的改变和对最终实施效果的影响进行对比分析，提供分析结果的多种可视化展示手段，并能够对科研管理制度改进提供意见和建议。

（1）新老条款对比分析。新老条款对比分析软件界面如图 4-6 所示，软件划分为两个窗口用于区分展示新老条款的条款项、因果图、因果效应值等分析结果，支持对决策树的对比分析，并给出相应的结论。

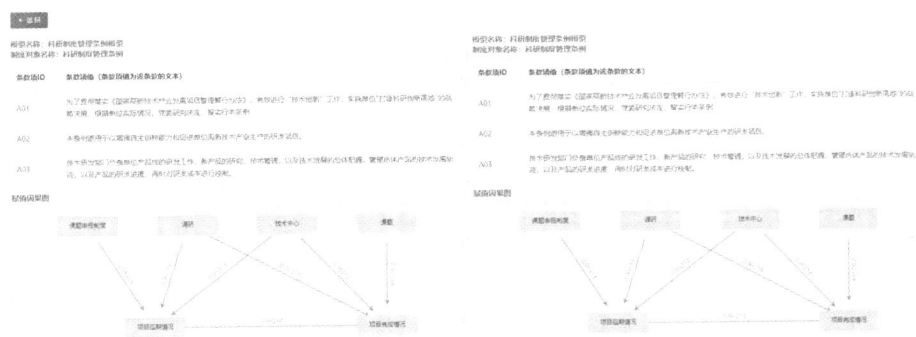

图 4-6　新老条款对比分析软件界面图

（2）分析结论与建议生成。分析结论与建议生成界面如图 4-7 所示，主要给出因果分析的结论，给出因变量最优的决策条件或者区间，能够辅助用户生成制度条款设计最佳建议。

模型分析结果

① 通过因果路径图中的因果链可知，对于"项目通过率"这个因变量，"项目平均内容完成率"是关键的变量，通过因果路径图可知，不断增加负责人所负责项目个数，则他负责的更多为一般项目，而且项目的内容完成率也变低。这从侧面说明了一般项目的研究内容相比重点项目更少，难度更小，"一般项目占比"少才能保证项目的内容完成率，保证项目通过。如果负责人负责更多的重点项目，由于个人精力有限，难以保证项目的内容完成率，也就无法保证项目的通过率。因此如果要提高年度项目的通过率时，必须要降低个人承担项目的个数和个人承担重点项目的数量。② 通过因果路径图中的因果链可知，"负责人平均能力评价"和"一般项目占比"在表 18 因果链中出现的次数位居所有变量前两位，即这两个变量是开"调整负责人年度项目总数上限"建模关键的变量，作为中介变量，这两个变量对项目优秀率和体系贡献率的影响很大。当负责项目为一般项目时，项目获得优秀的概率较低，且体系贡献率不高；反之则项目获得优秀的概率较高，且体系贡献率较高；当负责人能力评价高时，项目获得优秀的概率较高，且体系贡献率较高，反之则项目获得优秀的概率不高，体系贡献率不高。这从侧面说明了一般项目的主要目标就不是重点面向装备体系建设的，由于研究内容和项目优秀评选决定了一般项目在优秀项目竞争中缺乏实力；此外也说明了负责人能力评价高，才能获评为专家组成员，而且由而活跃在相关领域的科研活动中，更容易获得更多的信息量，对于装备体系建设的需求也更为了解，因此申请重点项目也更容易获批。因此如果要提高年度项目的质量以及项目对装备体系建设贡献率时，必须保证能力评价高的负责人获批更多的重点项目。③ 从因果变量决策分析可得，负责人同时负责项目数量为 1 时，通过率最高，但是项目的优秀率和体系贡献率最低；负责人同时负责项目数量为 2 时，虽然项目通过率有所下降，但是项目优秀率和体系贡献率最高；负责人同时负责项目数量大于 2 时，项目通过率、项目优秀率和体系贡献率均出现明显降低。因此负责人同时负责项目数量最好不要超过 2 个，当负责人同时负责项目数量必须突破 2 个限制时，考虑到项目通过率下降的问题，要格外重点关注该负责人；且该负责人所负责的项目中一般项目的能力评价必须为"高"等级。新老条款对比：老条款未关注负责人能力评价这个中间变量，且新老条款在因果路径图对比展示如图 15 所示。老条款中由于没有考虑到负责人能力的评价，5 对因果关系的效应值与新条款出现了差别，由于控制变量"负责人平均能力评价"，导致即对"负责人同时负责项目数量→一般项目占比"、"一般项目占比→项目平均支撑成果数量"、"项目平均支撑成果数量→项目平均成果转化率"的因果效应值均下降了；而"项目平均成果转化率→项目优秀率"、"项目平均成果转化率→项目对装备体系建设贡献率"的因果效应值均升高了。说明了"负责人平均能力评价"这个中间变量的重要性，只调节项目支撑成果、项目转化率、项目优秀率、装备体系贡献率的关键变量。

图 4-7　分析结论与建议生成界面图

4.2　技术架构

科研管理制度建模分析智能原型系统的整体实现结构采用基于服务的 B/S 结构，并具备国产化平台兼容能力，支持能够在 Windows 7 SP1 64bit 和麒麟 V6.0 操作系统平台中稳定运行。B/S 结构的特点是前端免安装即开即用,用户使用门槛大大降低;同时,数据集中存储,使其具备安全、统一、高效的特点。原型系统技术架构由前端层、服务层、环境层组成,原型系统技术架构具体如图 4-8 所示。

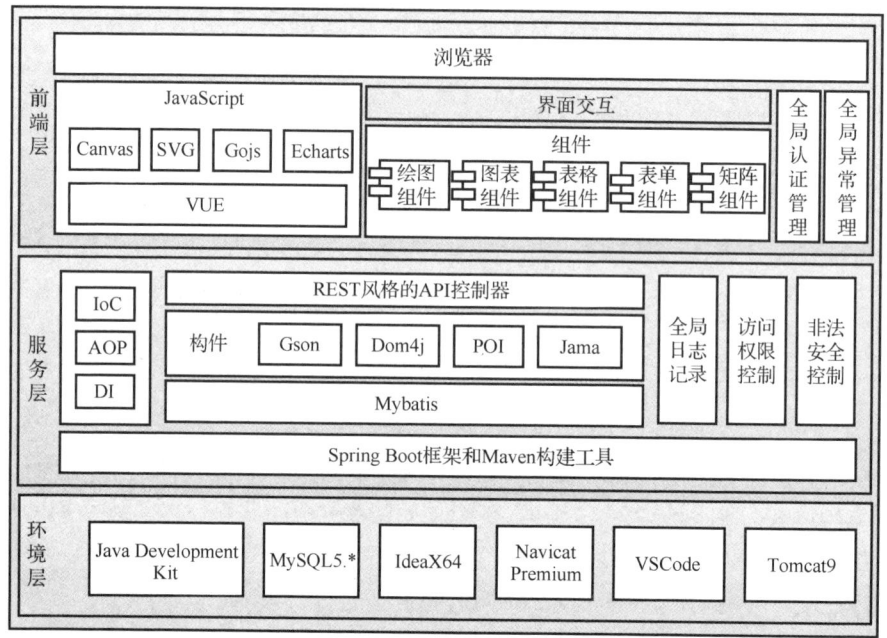

图 4-8 原型系统技术架构图

1. 前端层

软件的前端层为基于浏览器和面向用户展现与交互处理的应用,所采用的实现技术分为 JavaScript、前端组件和全局管理。其中,JavaScript 为基于 VUE 框架技术,采用 Canvas、SVG、Gojs 和 Echarts 等技术;前端组件为封装的绘图、图表、表格、表单、矩阵等封装组件;全局管理包括全局认证和全局异常。

2. 服务层

软件的服务层为面向前端的 API 接口服务,所采用的实现技术为总体基于 Spring Boot 框架和 Maven 代码项目结构。控制层为采用 REST 风格的 API;服务层涉及的构件有 Gson、Dom4j、POI 和 Jama 等。

3. 环境层

软件的环境层为面向开发和部署的软件工具,包括 Java Development

Kit、MySQL5.*、IdeaX64、Navicat Premium、VSCode 和 Tomcat9。

4.3 逻辑架构

科研管理制度建模分析智能原型系统的逻辑架构设计主要是用于定义原型系统的层次结构，明确原型系统的顶层框架。原型系统的层次结构主要包括数据层、服务层和应用层，具体层次结构如图 4-9 所示。

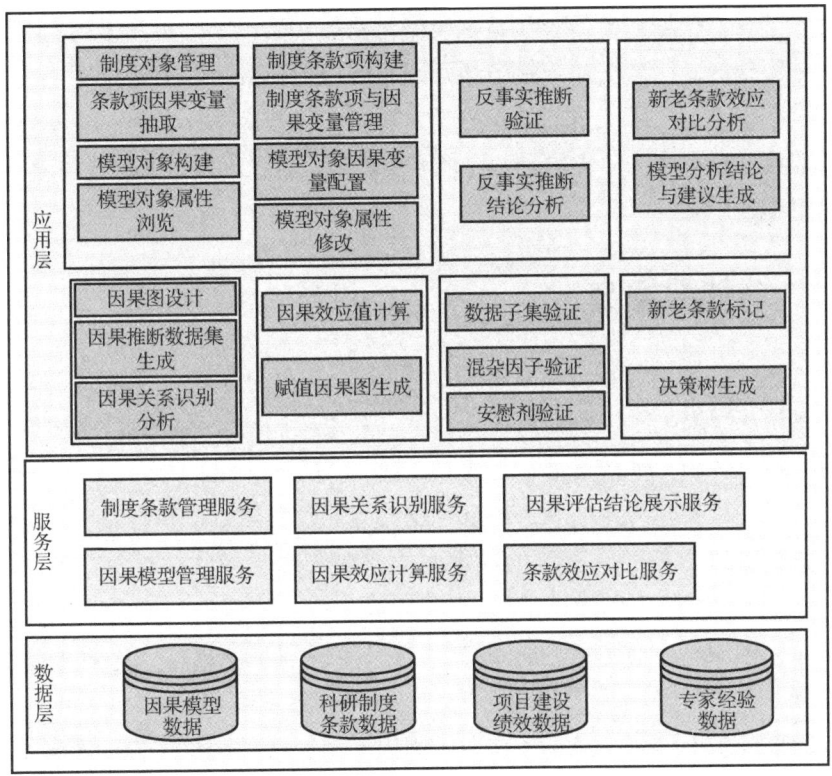

图 4-9 原型系统层次结构图

1. 数据层

原型系统的数据层主要包括基于因果推断进行科研管理制度分析建模和分析时需要的科研制度条款数据、因果模型数据、采集的项目建设绩效数据、获取的专家经验数据等。

2. 服务层

原型系统的服务层是支撑科研管理制度建模与分析实现的所有服务，主要包括制度条款管理服务、因果模型管理服务、因果关系识别服务、因果评估结论展示服务、因果效应计算服务、条款效应对比服务等。

3. 应用层

原型系统的应用层体现了原型系统能够基于因果推断实现科研管理制度建模与分析的所有功能,主要包括制度对象管理、制度条款项构建、条款项因果变量抽取、制度条款项与因果变量管理、模型对象构建、模型对象因果变量配置、模型对象属性浏览、模型对象属性修改、因果图设计、因果推断数据集生成、因果关系识别分析、因果效应值计算、赋值因果图生成、反事实推断验证、反事实推断结论分析、新老条款效应对比分析、模型分析结论与建议生成、数据子集验证、混杂因子验证、安慰剂验证、新老条款标记、决策树生成。

4.4 功能数据流

科研管理制度建模分析智能原型系统的 5 个分系统分别是因果关系构建分系统、因果关系识别分系统、因果关系效应评估分系统、反事实推断分系统、对比分析分系统,各个分系统之间的关系如图4-10所示。

因果关系构建分系统从外部获取建设绩效、科研制度条款全文、历史科研数据等各种数据,从获取的数据中构建和管理制度条款对象与条款项内容,并从条款项内容中抽取因果变量;基于抽取的科研制度条款项和因果变量,为因果模型创建模型对象,并管理模型的基础属性,为对象配置因果变量。

因果关系识别分系统基于构建的因果模型对象和因果变量,结合有向无环图(DAG)的严格约束,初步绘制因果变量之间的关系图,并根据因果变量生成因果推断数据集,识别因果关系。

因果关系效应评估分系统根据因果图的结构,选择相适应的因果效应评估算法,依次计算因果变量的效应值,并结合识别的因果关系生成赋值因果图。

反事实推断分系统采用反事实推断方法对因果关系进行干预演算,去除因果图中的不相关因果变量,更新因果模型,并为变量设置决策条件,计算不同决策条件下的因果效应值,构成因果路径决策图。

对比分析分系统主要对新老条款进行效应的对比分析,评估旧科研管理制度条款更新的必要性，并将评估结果和结论展示出来，通过分析科研管理制度因变量的最优决策图，为科研管理制度的制定、完善提供依据。

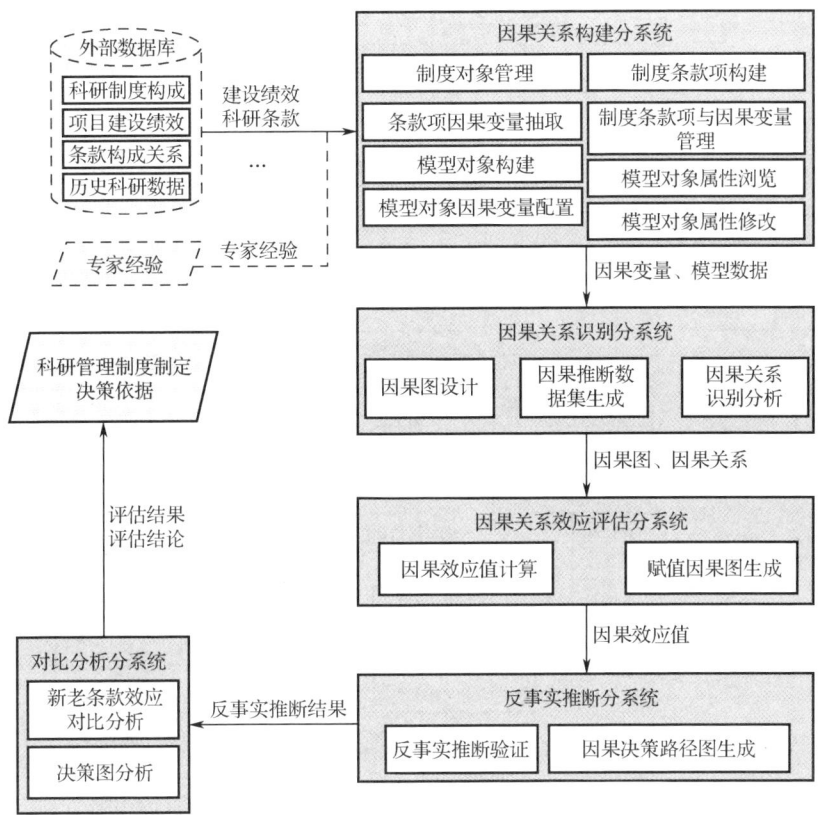

图 4-10 原型系统各个分系统之间的关系图

4.5 数据架构

科研管理制度建模分析智能原型系统的数据架构设计主要用于定义系统的概念数据模型、逻辑数据模型以及物理数据模型，明确数据的构成及数据之间的相互关系。

4.5.1 概念数据模型设计

原型系统的概念数据模型主要包括获取的科研制度数据、制度对象、因果变量、因果图、因果报告等信息，概念数据模型如图 4-11 所示。

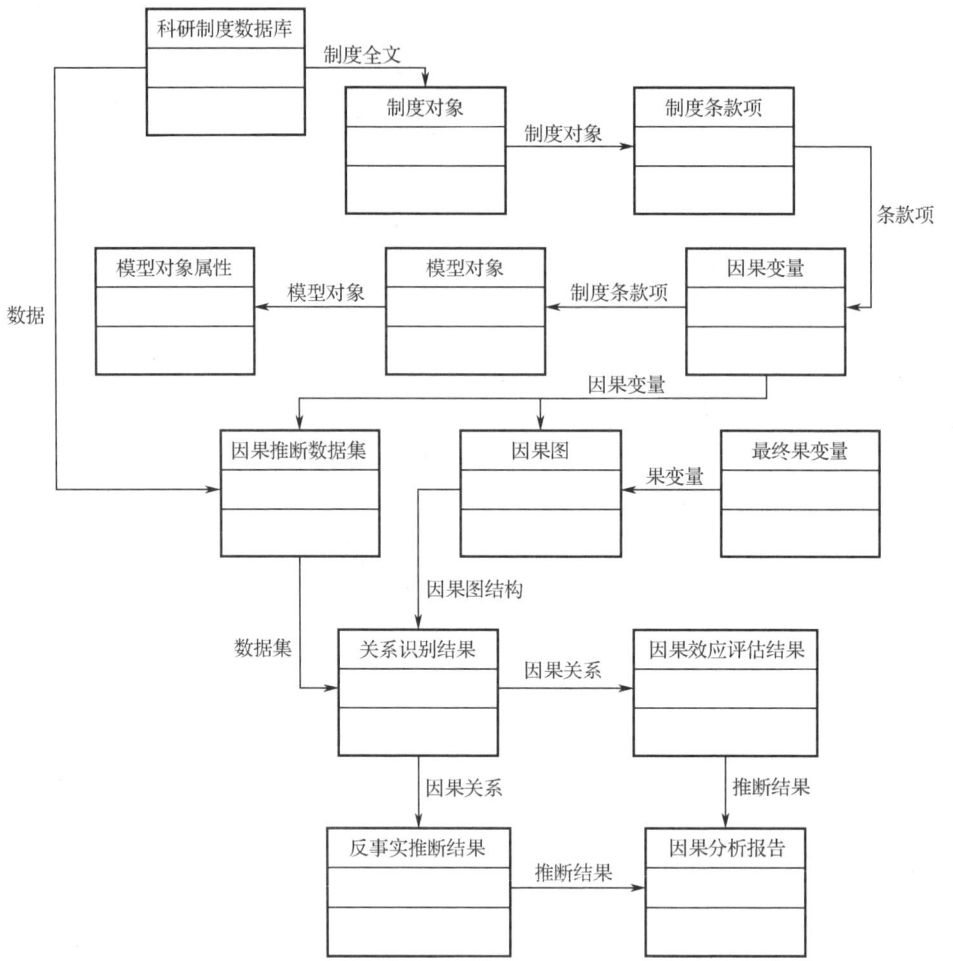

图 4-11 原型系统的概念数据模型图

4.5.2 逻辑数据模型设计

原型系统的逻辑数据模型主要包含获取的科研制度数据、制度对象、因果变量、因果图、因果报告等信息中的实体,原型系统的逻辑数据模型如图 4-12 所示。

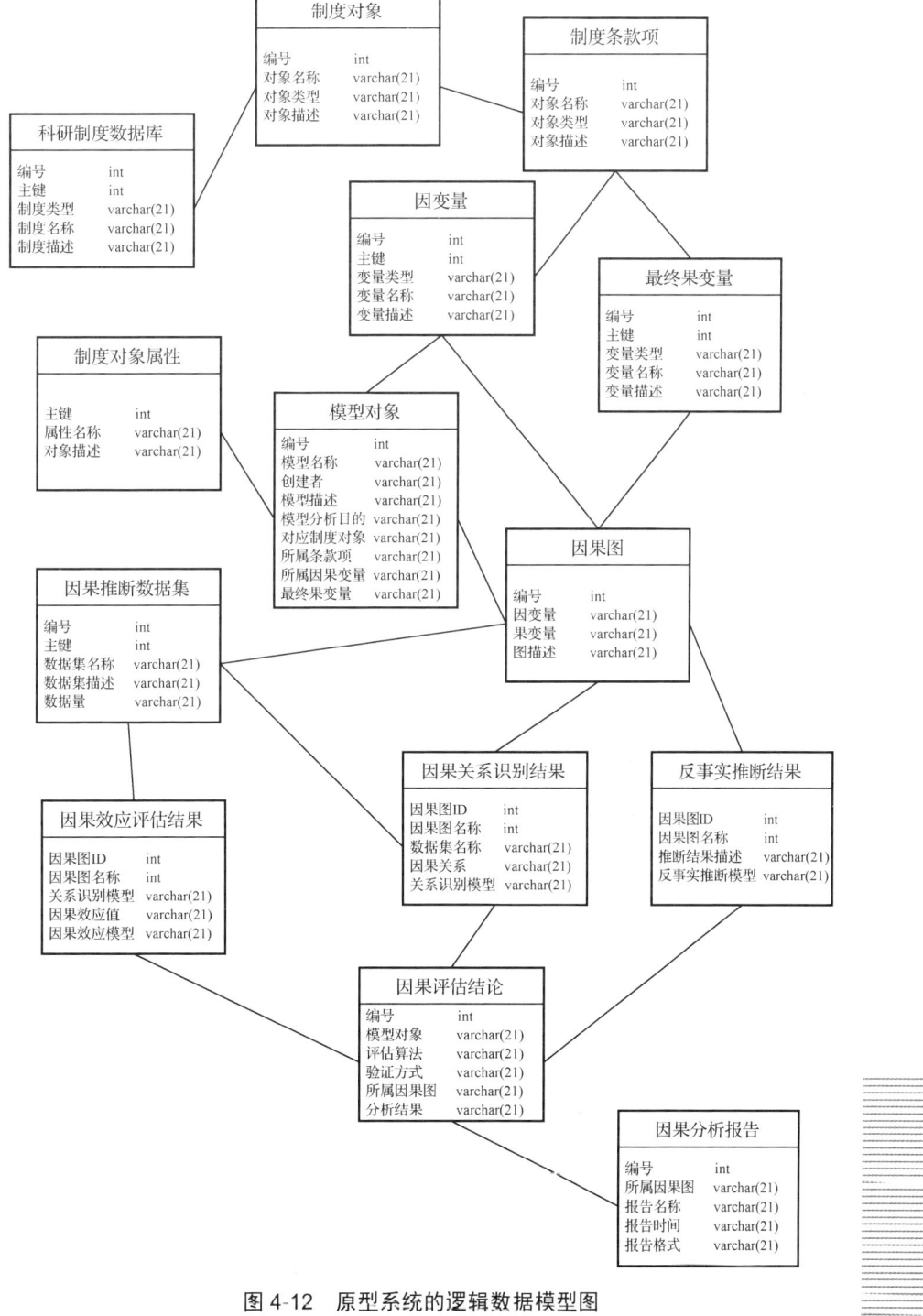

图 4-12 原型系统的逻辑数据模型图

4.5.3 物理数据模型设计

物理数据模型是面向计算机物理表示的模型，描述了数据在储存介质上的组织结构。物理结构图显示物理数据模型是在逻辑数据模型的基础上，考虑各种具体的技术实现因素，进行数据库体系结构设计，真正实现数据在数据库中存放。原型系统的物理数据模型主要是对科研制度数据、制度对象、因果变量、模型对象、因果图、因果评估结论、因果分析报告等实体进行数据库体系结构与表结构设计。

科研制度的数据表如表 4-1 所示。

表 4-1　科研制度数据表

中文	英文	数据类型	备注说明
主键	id	int	—
制度类型	zd_type	varchar（21）	—
制度名称	zd_name	varchar（21）	—
制度描述	zd_description	varchar（21）	—

制度对象的数据表如表 4-2 所示。

表 4-2　制度对象数据表

中文	英文	数据类型	备注说明
编号	id	int	—
对象名称	dx_name	varchar（21）	—
对象类型	dx_type	varchar（21）	—
对象描述	dx_description	varchar（21）	—

因果变量的数据表如表 4-3 所示。

表 4-3　因果变量数据表

中文	英文	数据类型	备注说明
主键	id	int	—
因变量名称	xbl_name	varchar（21）	—
果变量名称	gbl_name	varchar（21）	—
变量类型	bl_type	varchar（21）	—
变量描述	bl_description	varchar（21）	—

模型对象的数据表如表 4-4 所示。

表 4-4　模型对象数据表

中　文	英　文	数 据 类 型	备 注 说 明
编号	id	int	—
模型名称	Model_name	varchar（21）	—
创建者	Create_owner	varchar（21）	—
模型描述	Model_descripton	varchar（21）	—
模型分析目的	mxfxmd	varchar（21）	—
对应制度对象	dyzddx	varchar（21）	—
所属条款项	sstkx	varchar（21）	—
所属因果变量	ssygbl	varchar（21）	—
最终果变量	zzgbl	varchar（21）	—

因果图的数据表如表 4-5 所示。

表 4-5　因果图数据表

中　文	英　文	数 据 类 型	备 注 说 明
编号	id	int	—
因变量	xbl_name	varchar（21）	—
果变量	gbl_name	varchar（21）	—
因果图	ygt	varchar（21）	—
图描述	cjfs	varchar（21）	—

因果评估结论的数据表如表 4-6 所示。

表 4-6　因果评估结论数据表

中　文	英　文	数 据 类 型	备 注 说 明
编号	id	int	—
模型对象	cjfabh	varchar（21）	—
评估算法	cjfamc	varchar（21）	—
验证方式	cgccml	varchar（21）	—
所属因果图	ygt_description	varchar（21）	—
最终果变量	Final_gbl	varchar（21）	—

因果分析报告的数据表如表 4-7 所示。

表 4-7 因果分析报告数据表

中　文	英　文	数据类型	备注说明
编号	id	int	—
所属因果图	cjfabh	varchar（21）	—
报告名称	cjfamc	varchar（21）	—
报告生成时间	cgccml	varchar（21）	—
报告格式	ygt_description	varchar（21）	—

4.6　物理部署架构

科研管理制度建模分析智能原型系统的物理部署架构设计主要是定义原型系统部署环境，明确原型系统模块与物理环境之间的部署关系。原型系统的物理架构设计包括前端 PC、交换机、应用服务器和数据库服务器。原型系统的硬件部署架构如图 4-13 所示。

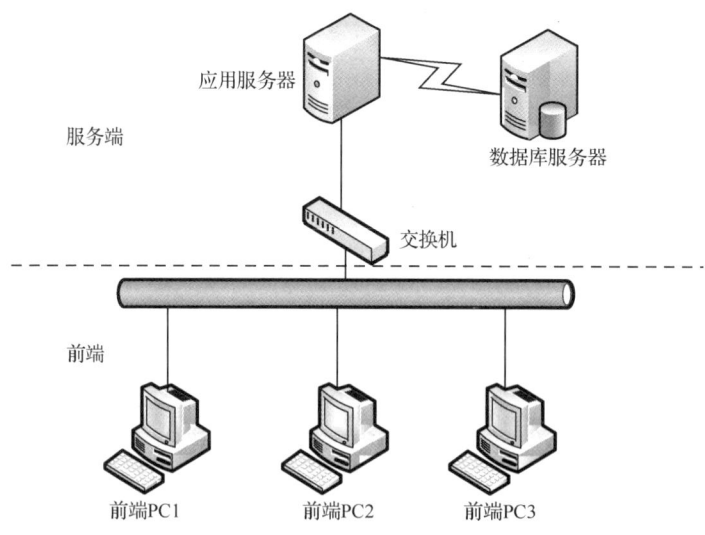

图 4-13　原型系统的硬件部署架构图

科研管理制度建模分析智能原型系统的软件部署架构设计包括 Chrome 浏览器、网络、Tomcat（科研管理制度智能分析系统）、数据库。原型系统软件部署架构如图 4-14 所示。

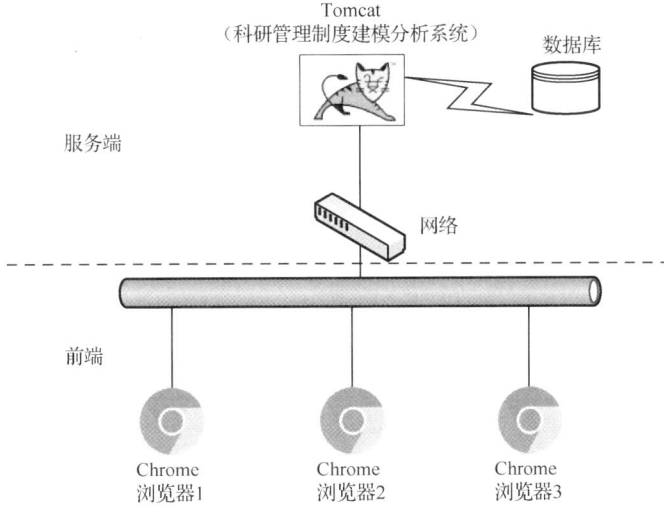

图 4-14　原型系统的软件部署架构图

4.7　业务流程

科研管理制度建模分析智能原型系统的业务流程如图 4-15 所示，主要分为因果关系构建、因果关系识别、因果效应评估、反事实推断以及对比分析 5 个阶段。

（1）因果关系构建阶段。首先，基于外部数据库导入的格式化科研管理制度数据或文本类非结构化科研管理制度文本完成科研管理制度对象管理和制度条款项构建；然后，针对已构建的条款项完成因果变量抽取；接着，构建制度因果推断模型，绑定其所属的制度对象和制度条款项；最后，为制度因果推断模型配置其相关的措施因变量和效果果变量，完成因果关系构建。

（2）因果关系识别阶段。首先，针对已完成因果变量配置的制度模型，提取其措施和效果变量，完成因果图绘制；然后，基于措施和效果变量的数据类型和来源，采取数据导入或样本采集的方式完成因果推断数据集的生成；最后，基于因果推断数据集和关系识别相关算法完成制度模型的因果关系识别。

（3）因果效应评估阶段。首先，针对关系识别后的因果图，基于因果效应评估相关算法和因果推断数据集完成各因果变量对之间的因果效应值计算；然后，利用因果效应判别阈值对因果效应计算结果开展效应检验；最后，依据因果效应评估结果生成赋值因果图。

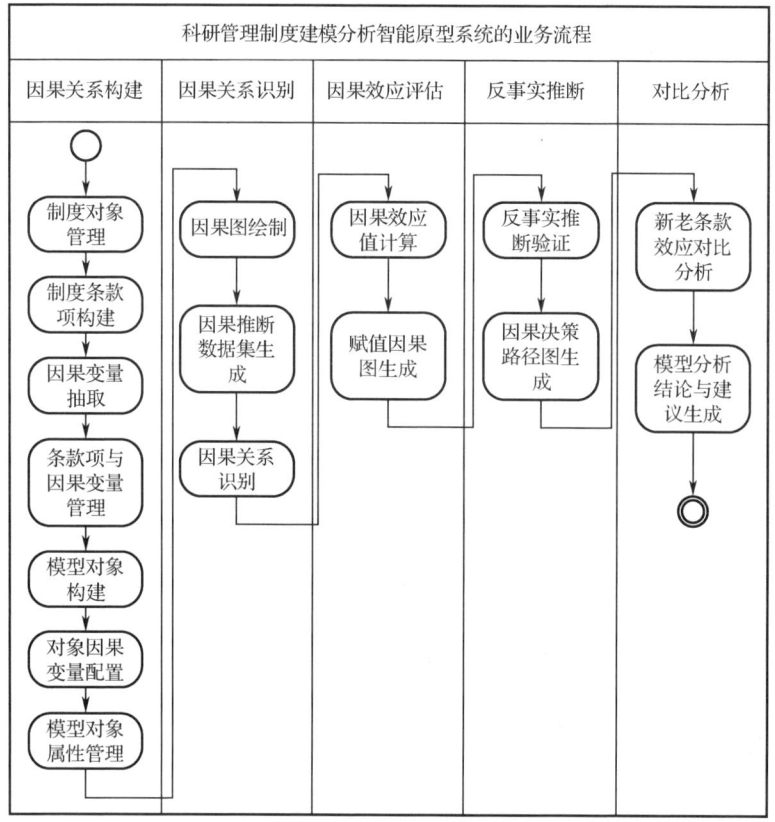

图4-15 科研管理制度建模分析智能原型系统的业务流程图

（4）反事实推断阶段。首先，针对赋值因果图，确定事实和反事实场景下的变量取值与关系；然后，依据因果图和相关数据，计算事实状态下的结果；最后，通过调整变量构建反事实情景，算出反事实结果，对比两者差异以推断因果效应。

（5）对比分析阶段。首先，针对科研管理制度新老条款各自的建模分析结果进行对比分析，得出条款措施改变对最终实施效果的影响；然后，基于可视化展示组件，对分析结果的进行多种展示；最后，辅助用户输出对科研管理制度的改进提供意见和建议。

4.8 接口关系

科研管理制度建模分析智能原型系统的接口设计主要针对系统的接口风格、功能要素、数据内容以及功能逻辑等方面进行可视化设计。

4.8.1 外部接口设计

1. 外部接口描述

科研管理制度建模分析智能原型系统的外部接口主要用来获取科研制度全文数据，以及科研制度条款相关的其他数据。系统外部接口关系如图4-16所示。

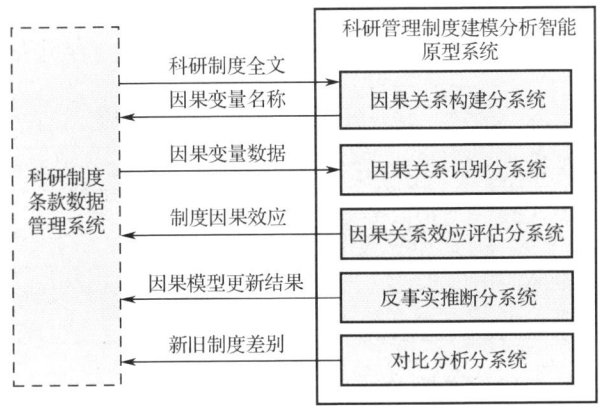

图4-16 系统外部接口关系图

系统外部接口的主要内容如表4-8所示。

表4-8 系统外部接口的主要内容表

序号	接口名称	发送方	接收方	接口描述	接口方式
1	科研制度全文获取接口	科研制度条款数据管理系统	因果关系构建分系统	因果关系构建分系统从科研制度条款数据管理系统获取科研制度全文	REST方式
2	因果变量名称发送接口	因果关系构建分系统	科研制度条款数据管理系统	因果关系构建分系统向科研制度条款数据管理系统发送因果变量名称	REST方式
3	因果变量数据获取接口	科研制度条款数据管理系统	因果关系识别分系统	因果关系构建分系统从科研制度条款数据管理系统获取因果变量数据	REST方式
4	制度因果效应发送接口	因果关系效应评估分系统	科研制度条款数据管理系统	因果关系效应评估分系统向科研制度条款数据管理系统发送制度因果效应	REST方式
5	因果模型更新结果发送接口	反事实推断分系统	科研制度条款数据管理系统	反事实推断分系统向科研制度条款数据管理系统发送因果模型更新结果	REST方式

续表

序号	接口名称	发送方	接收方	接口描述	接口方式
6	新旧制度差别发送接口	对比分析分系统	科研制度条款数据管理系统	对比分析分系统向科研制度条款数据管理系统发送新旧制度差别	REST 方式

2. 科研制度全文获取接口

该接口的功能是用于因果关系构建分系统从科研制度条款数据管理系统获取科研制度全文，接口要求为 REST 方式，具体内容见表 4-9。

表 4-9　科研制度全文获取接口内容表

序号	名称	数据类型	大小和格式	单位	取值范围	备注
1	科研制度 ID	long	4 长整型	字节	—	—
2	科研制度内容	string	10 字符串	字节	—	—

3. 因果变量名称发送接口

该接口的功能是用于因果关系构建分系统向科研制度条款数据管理系统发送因果变量名称，接口要求为 REST 方式，具体内容见表 4-10。

表 4-10　因果变量名称发送接口内容表

序号	名称	数据类型	大小和格式	单位	取值范围	备注
1	因果变量名称	string	10 字符串	字节	—	—

4. 因果变量数据获取接口

该接口的功能是用于因果关系构建分系统从科研制度条款数据管理系统获取因果变量数据，接口要求为 REST 方式，具体内容见表 4-11。

表 4-11　因果变量数据获取接口内容表

序号	名称	数据类型	大小和格式	单位	取值范围	备注
1	因果变量数据表名称	string	10 字符串	字节	—	—
2	因果变量数据	string	10 字符串	字节	—	—

5．制度因果效应发送接口

该接口的功能是用于因果关系效应评估分系统向科研制度条款数据管理系统发送制度因果效应，接口要求为 REST 方式，具体内容见表 4-12。

表 4-12 制度因果效应发送接口内容表

序号	名称	数据类型	大小和格式	单位	取值范围	备注
1	因果效应值	string	10 字符串	字节	—	—
2	赋值因果图数据	string	10 字符串	字节	—	—

6．因果模型更新结果发送接口

该接口的功能是用于反事实推断分系统向科研制度条款数据管理系统发送因果模型更新结果，接口要求为 REST 方式，具体内容见表 4-13。

表 4-13 因果模型更新结果发送接口内容表

序号	名称	数据类型	大小和格式	单位	取值范围	备注
1	因果模型信息	string	10 字符串	字节	—	—
2	因果图	string	10 字符串	字节	—	—

7．新旧制度差别发送接口

该接口的功能是用于对比分析分系统向科研制度条款数据管理系统发送新旧制度差别，接口要求为 REST 方式，具体内容见表 4-14。

表 4-14 新旧制度差别发送接口内容表

序号	名称	数据类型	大小和格式	单位	取值范围	备注
1	新旧制度差别描述	string	10 字符串	字节	—	—
2	制度调整建议描述	string	10 字符串	字节	—	—

4.8.2 内部接口设计

1. 内部接口描述

科研管理制度建模分析智能原型系统的内部接口与数据交换方式如图 4-17 所示。

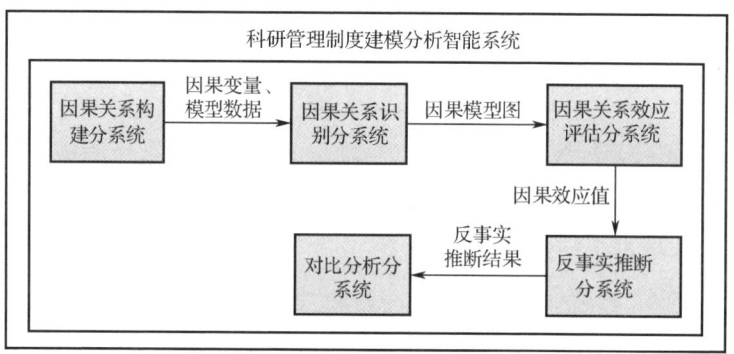

图 4-17 系统内部接口与数据交换方式图

系统内部的数据信息交互如表 4-15 所示。

表 4-15 系统内部数据信息交互表

序号	接口名称	发送方	接收方	接口描述	接口方式
1	因果变量发送接口	因果关系构建分系统	因果关系识别分系统	因果关系构建分系统向因果关系识别分系统发送因果变量信息	REST 方式
2	模型数据发送接口	因果关系构建分系统	因果关系识别分系统	因果关系构建分系统向因果关系识别分系统发送模型数据信息	REST 方式
3	因果模型图发送接口	因果关系识别分系统	因果关系效应评估分系统	因果关系识别分系统向因果关系效应评估分系统发送因果模型图	REST 方式
4	因果效应值发送接口	因果关系效应评估分系统	反事实推断分系统	因果关系效应评估分系统向反事实推断分系统发送因果效应值信息	REST 方式
5	反事实推断结果	反事实推断分系统	对比分析分系统	反事实推断分系统向对比分析分系统发送反事实推断结果信息	REST 方式

2. 因果变量发送接口

该接口的功能是用于因果关系构建分系统将因果变量信息发送给因果关系识别分系统，接口要求为 REST 方式，具体内容见表 4-16。

表 4-16 因果变量发送接口内容表

序 号	名 称	数 据 类 型	大小和格式	单 位	取 值 范 围	备 注
1	因变量名称	string	10 字符串	字节	—	—
2	因变量数量	int	2 整型	字节	—	—
3	因变量描述	string	10 字符串	字节	—	—
4	因变量关联信息	string	10 字符串	字节	—	—
5	果变量名称	string	10 字符串	字节	—	—
6	果变量描述	string	10 字符串	字节	—	—
7	果变量关联信息	string	10 字符串	字节	—	—

3. 模型数据发送接口

该接口的功能是用于因果关系构建分系统将因果模型数据信息发送给因果关系识别分系统，接口要求为 REST 方式，具体内容见表 4-17。

表 4-17 模型数据发送接口内容表

序 号	名 称	数 据 类 型	大小和格式	单 位	取 值 范 围	备 注
1	因果模型名称	string	10 字符串	字节	—	—
2	因果模型描述	string	10 字符串	字节	—	—
3	因果模型对象名称	string	10 字符串	字节	—	—
4	模型对象关联变量	string	10 字符串	字节	—	—

4. 因果模型图发送接口

该接口的功能是用于因果关系识别分系统将生成的因果模型图发送给因果关系效应评估分系统,接口要求为REST方式,具体内容见表4-18。

表4-18　因果模型图发送接口内容表

序号	名称	数据类型	大小和格式	单位	取值范围	备注
1	因果图信息	string	10字符串	字节	—	—
2	因果图数据	string	10字符串	字节	—	—
3	因果图关联数据	string	10字符串	字节	—	—

5. 因果效应值发送接口

该接口的功能主要是用于因果关系效应评估分系统向反事实推断分系统发送因果效应值信息,接口要求为REST方式,具体内容见表4-19。

表4-19　因果效应值发送接口内容表

序号	名称	数据类型	大小和格式	单位	取值范围	备注
1	因果效应值	string	10字符串	字节	—	—
2	效应值关系	string	10字符串	字节	—	—

6. 反事实推断结果接口

该接口的功能是用于反事实推断分系统向对比分析分系统发送反事实推断结果信息,接口要求为REST方式,具体内容见表4-20。

表4-20　反事实推断结果接口内容表

序号	名称	数据类型	大小和格式	单位	取值范围	备注
1	推断数据集	string	10字符串	字节	—	—
2	推断过程信息	string	10字符串	字节	—	—

续表

序号	名称	数据类型	大小和格式	单位	取值范围	备注
3	推断结果数据	string	10 字符串	字节	—	—
4	推断结论	string	10 字符串	字节	—	—

第 5 章
基于因果推断法的科研管理制度建模分析系统功能实现

本章在第 4 章系统架构基础上，详细介绍因果关系构建分系统、因果关系识别分系统、因果效应评估分系统、反事实推断分系统、对比分析分系统的功能实现逻辑、输入输出、异常处理方法、界面设计等相关内容。

5.1 因果关系构建分系统

5.1.1 功能描述

因果关系构建分系统基于导入的制度对象条款数据，进行条款项构建、因果变量抽取、因果模型构建等操作，完成制度对象条款的因果关系构建。该系统主要包括制度对象管理、制度条款项构建、条款项因果变量抽取、制度条款项与因果变量管理、模型对象构建、模型对象因果变量配置、模型对象属性浏览、模型对象属性修改 8 个功能。

5.1.2 实现逻辑

因果关系构建分系统的功能实现流程如图 5-1 所示。

1. 制度对象管理

制度对象管理功能支持对不同类型制度的建模分析，针对不同类型的制度，需要在系统中构建相应的制度对象，并将制度对象名称、编制单位、描述、适用范围以及制度全文进行统一管理。

第 5 章 基于因果推断法的科研管理制度建模分析系统功能实现

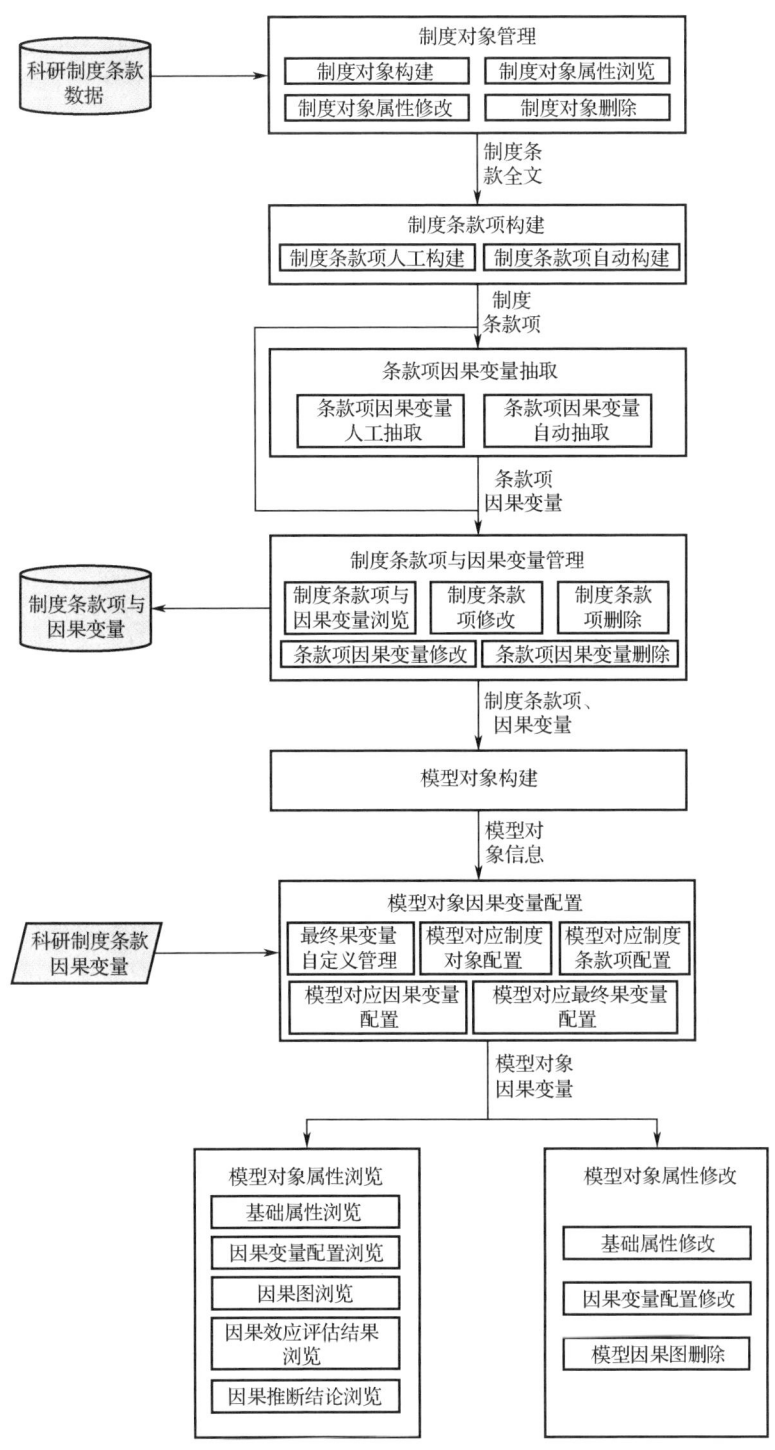

图 5-1 因果关系构建分系统功能实现流程

（1）制度对象构建：新建一个制度对象，并输入制度名称（唯一非空）、编制单位、描述、适用范围等基础属性，以及制度全文（非空）的输入，制度全文输入的方式支持文本框的输入和 Word 文档导入。

（2）制度对象属性浏览：支持制度对象基础属性、制度全文、制度条款项、条款项因变量的浏览。

（3）制度对象属性修改：支持对制度对象基础属性、制度全文的修改。制度全文的修改包含文本框直接编辑修改和 Word 文档的重新导入，需提示一旦修改制度全文，则该制度对象所属的全部条款项以及条款项因变量将自动清除；如果该制度对象已经被后续"模型对象构建"使用，将不允许修改全文。

（4）制度对象删除：支持对制度对象的删除，如果该制度对象已经被后续"模型对象构建"使用，将不允许删除。

2. 制度条款项构建

制度条款项构建主要是将制度全文按照段落条款进行分割，将制度全文转化为一个个的条款项，条款项的构建主要有两种方式：一种是人工构建，另一种是自动构建。未完成条款项构建的制度对象无法被"模型对象构建"所配置选择。

（1）制度条款项人工构建：人工新建条款项，每个条款项有唯一标识 ID 和相应的条款项值（条款项值为该条款的文本），在人工构建过程中，提供制度全文展示、文字选择和复制功能，便于条款项的赋值。

（2）制度条款项自动构建：提供文本段落分割算法，被分割的每一个段落自动构成条款项，允许人工删除自动构建的条款项以及修改条款项值，最后必须通过人工确定后的条款项才能存入数据库中。

3. 条款项因果变量抽取

条款项因果变量抽取主要是从条款内容中抽取因果变量，将条款文本转化为一个个因果变量，因果变量抽取主要有两种方式：一种是人工抽取，另一种是自动抽取。未完成条款项因果变量抽取的制度对象无法被"模型对象构建"所配置选择。

（1）条款项因果变量人工抽取：人工为所有的条款项添加对应的因果变量集合，在人工添加过程中，提供制度条款项值展示、文字选择和复制功能，方便因果变量的添加。

(2)条款项因果变量自动抽取：提供命名实体识别算法，抽取每一个条款项的实体词，自动构成因果变量集合，允许人工删除自动抽取的因果变量以及修改因果变量，最后必须通过人工确定的因果变量才能存入数据库中。

4．制度条款项与因果变量管理

制度条款项与因果变量管理主要提供制度条款项以及条款项因果变量的浏览、修改和删除等功能。

（1）制度条款项与因果变量浏览：支持对不同制度对象所属制度条款项以及条款项对应因果变量的浏览。

（2）制度条款项修改：支持对已构建条款项值的修改，需提示一旦条款项值发生改变，则该条款项因果变量将自动清除；如果该条款项被"模型对象构建"使用，则不允许修改条款项。

（3）制度条款项删除：支持对已构建条款项的删除，如果该条款项被"模型对象构建"使用，则不允许删除该条款项。

（4）条款项因果变量修改：支持对条款项因果变量集合的修改，如果该因果变量被"模型对象构建"使用，则不允许修改该因果变量。

（5）条款项因果变量删除：支持对条款项因果变量的删除，如果该因果变量被"模型对象构建"使用，则不允许删除该因果变量。

5．模型对象构建

模型对象构建功能用于新建一个模型对象，并输入模型名称（唯一非空）、创建者、创建时间、模型描述、模型分析目的、是否自建因果变量等基础属性。如果选择自建因果变量选项，则不允许模型对象因果变量的配置，由人工在因果图编辑界面完成因果变量的增加和因果图的绘制；如果选择非自建因果变量选择，则必须完成模型对象因果变量配置。

6．模型对象因果变量配置

模型对象因果变量配置功能用于为模型对象配置对应的制度对象，以及对应的制度条款项、因果变量。

（1）最终果变量的自定义管理：条款项中是包含果变量的，而且在一个因果图中存在多个果变量，但是在制度因果分析中，一定存在一个最终的果变量，一般默认为"项目完成情况"。但是不同的制度，最终的果变量是不同的，因此允许自定义新的果变量（例如"项目延期情况"），定义的最终果变量一般包含最终果变量的名称（非空唯一）和描述。

（2）模型对应制度对象配置：为模型配置对应的制度对象，通过选择系统已构建的制度对象完成配置（只能单选），在选择配置中，提供制度对象基础属性和制度全文的浏览，只有完成制度对象的配置，才能进行后续的配置。

（3）模型对应制度条款项配置：为模型配置对应的条款项，完成制度对象的配置后，通过选择该制度对象所属的制度条款项完成配置（可单选或多选）。在选择配置中，提供条款项值的浏览，只有完成条款项的配置，才能进行后续的配置。

（4）模型对应因果变量配置：为模型配置对应的因果变量，完成条款项的配置后，通过选择该模型配置条款项所属的因果变量完成配置（至少选一个），提供全选的选项。

（5）模型对应最终果变量配置：为模型配置对应的最终果变量，当模型配置的因果变量只有一个时，最终果变量配置为必须配置项；当模型配置的因果变量为多个时，最终果变量配置为非必须配置项。最终果变量的配置为选择前面自定义的最终果变量。

7. 模型对象属性浏览

模型对象属性浏览包含基础属性浏览、因果变量配置浏览、因果图浏览、因果效应评估结果浏览和因果推断结论浏览等。

（1）基础属性浏览：提供名称（唯一非空）、创建者、创建时间、模型描述、模型分析目的等基础属性和模型状态的浏览。模型状态包括是否配置因果变量、是否完成因果图设计、是否完成因果效应识别、是否完成因果效应评估、是否完成反事实推断和是否生成结论建议。

（2）因果变量配置浏览：提供模型对应的制度对象、所属条款项、所属的因果变量以及最终果变量等信息的浏览。

（3）因果图浏览：提供模型因果图的浏览。

（4）因果效应评估结果浏览：展示因果图中所有的因果效应估计值。

（5）因果推断结论浏览：提供模型因果路径决策树，以及制度条款设计优化建议结果展示。

8. 模型对象属性修改

模型对象属性修改包含基础属性修改、因果变量配置修改和模型因果图删除。

（1）基础属性修改：提供名称（唯一非空）、创建者、创建时间、模型描述、模型分析目的等基础属性的修改功能。其中"是否自建因果变量"不允许修改。

（2）因果变量配置修改：提供模型对应的制度对象、所属条款项、所属的因果变量以及最终果变量等配置信息修改的功能。提示一旦修改上述配置信息，后续的全部过程数据（包括因果图、因果推断数据集、因果识别结果、因果效应评估结果、反事实推断结果、推断结论）将全部丢失。

（3）模型因果图删除：提供删除模型对应因果图的功能，提示一旦删除因果图，后续的全部过程数据都将丢失。

5.1.3 输入输出

输入：科研制度条款数据、科研制度条款全文信息。

输出：制度条款项与因果变量、因果模型相关信息管理列表。

5.1.4 异常处理

制度条款管理模块的异常处理如表 5-1 所示。

表 5-1 制度条款管理模块异常处理表

序号	异常名称	产生异常原因	异常处理方式
1	制度对象构建失败	构建输入信息不符合要求	给出异常提示信息
2	制度条款项自动构建失败	制度条款不符合自动构建算法的输入要求	给出异常提示信息
3	条款项因果变量自动抽取错误	条款项不符合自动抽取输入要求	给出异常提示信息
4	模型对象构建失败	构建输入信息不符合要求	给出异常提示信息
5	模型对象因果变量配置失败	配置信息不符合输入要求	给出异常提示信息
6	模型对象属性修改失败	属性修改输入不符合要求	给出异常提示信息

5.1.5 界面设计

因果关系构建分系统主要包括制度对象管理、制度条款构建、条款项因果变量抽取、制度条款与因果变量管理、模型对象构建、模型对象因果变量配置、模型对象管理、模型对象属性编辑等 8 个界面的设计。

1. 制度对象管理界面设计

制度对象管理界面设计如图 5-2 所示，可通过该界面实现科研制度对象的构建、查询、编辑、删除、查看详情等操作。

图 5-2　制度对象管理界面设计图

制度对象的构建界面如图 5-3 所示。

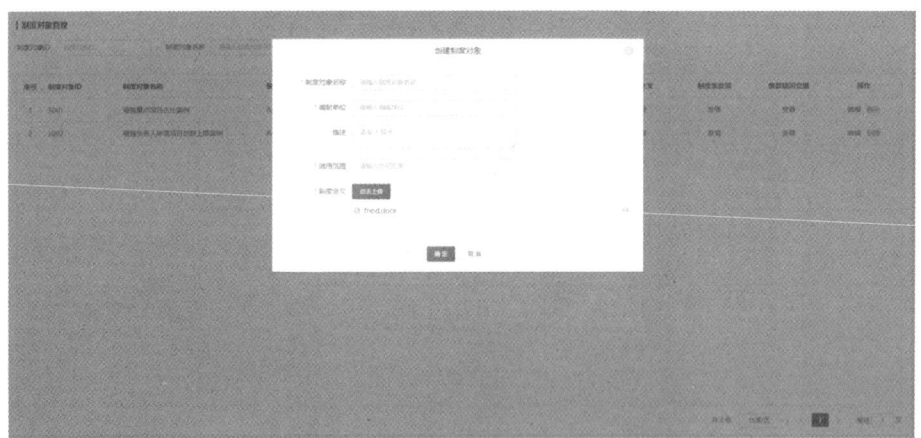

图 5-3　制度对象构建界面图

制度对象的删除界面如图 5-4 所示。
制度对象的编辑界面如图 5-5 所示。
制度全文的详情界面如图 5-6 所示。

第 5 章　基于因果推断法的科研管理制度建模分析系统功能实现

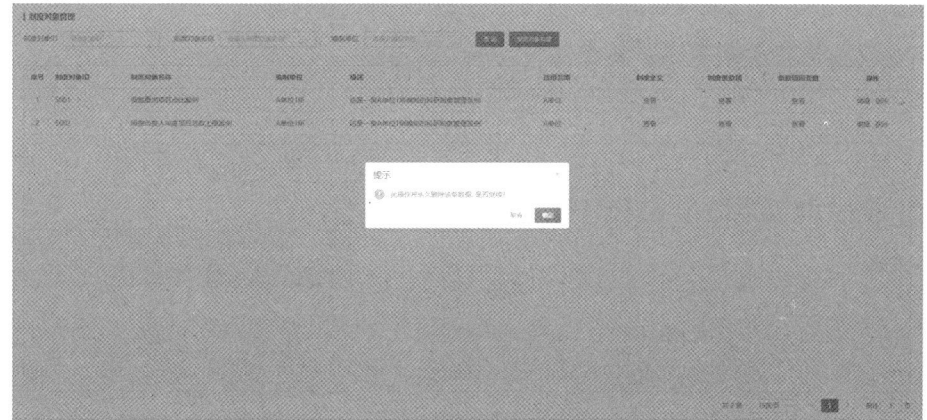

图 5-4　制度对象删除界面图

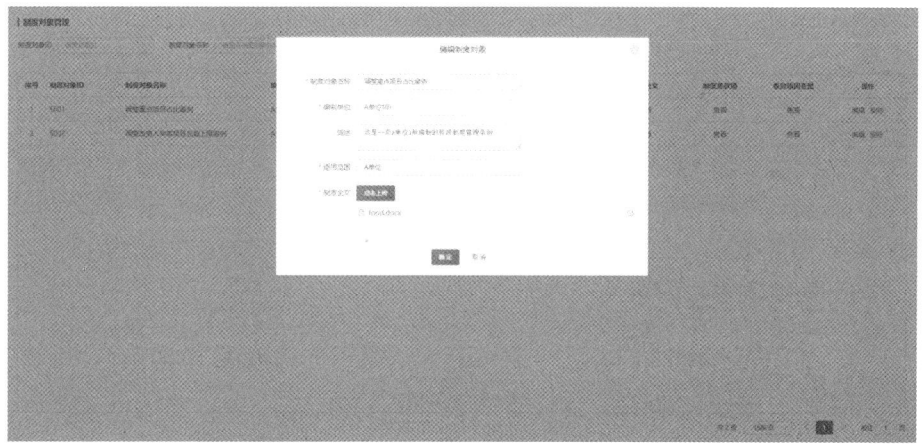

图 5-5　制度对象编辑界面图

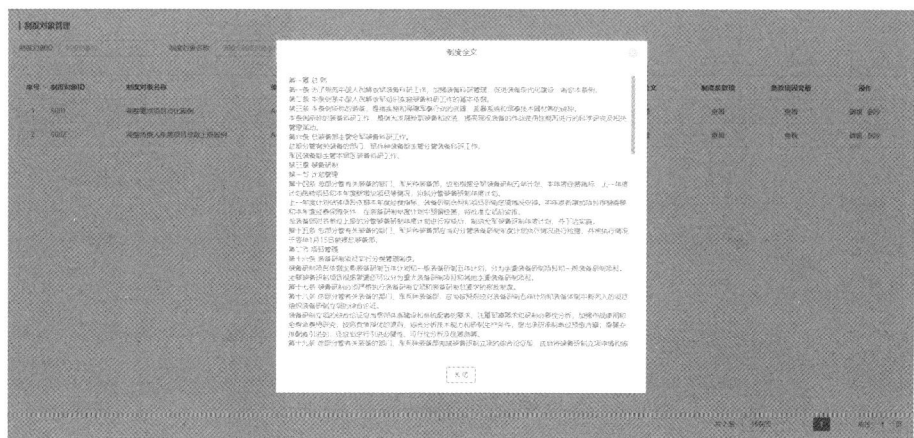

图 5-6　制度全文详情界面图

2. 制度条款构建界面设计

制度条款构建界面设计如图 5-7 所示。制度条款以列表形式管理，可查看制度全文和制度条款项，并对条款项进行添加、删除、保存等操作，同时支持对制度文字的全文复制操作。

图 5-7　制度条款构建界面设计图

3. 条款项因果变量抽取界面设计

条款项因果变量抽取界面设计如图 5-8 所示，支持对抽取的条款项因果变量的添加、删除、保存等操作和管理。

图 5-8　条款项因果变量抽取界面设计图

4．制度条款与因果变量管理界面设计

制度条款与因果变量管理界面设计如图 5-9 所示。系统对制度条款项与因果变量进行列表管理，可对其进行编辑、删除、查询等操作。

图 5-9　制度条款与因果变量管理界面设计图

制度条款与因果变量编辑界面设计如图 5-10 所示。

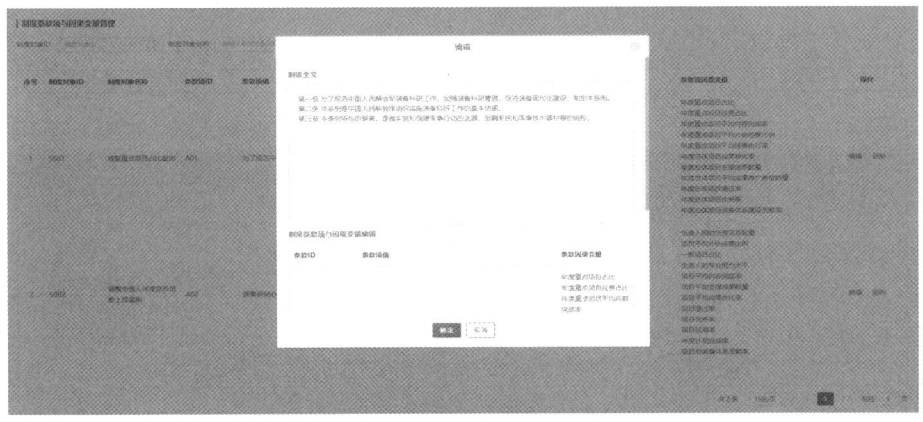

图 5-10　制度条款与因果变量编辑界面设计图

制度条款与因果变量删除界面设计如图 5-11 所示，可选择删除制度条款项或条款项因变量，界面给出删除提示信息。

图 5-11　制度条款与因果变量删除界面设计图

5. 模型对象构建界面设计

模型对象构建界面设计如图 5-12 所示，通过输入模型名称、创建者、模型描述、模型分析目的等信息创建模型对象，模型的因果变量支持自建配置。

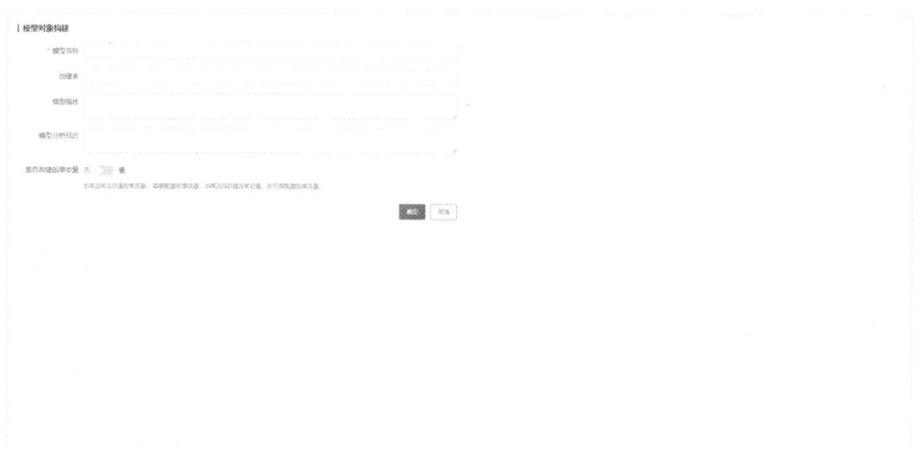

图 5-12　模型对象构建界面设计图

6. 模型对象因果变量配置界面设计

模型对象因果变量配置界面设计如图 5-13 所示。在系统中创建的所有模型对象以列表的形式展示，可为每个模型对象配置对应制度对象、对应制度条款项、对应因果变量、最终果变量等信息。

模型对象最终果变量配置界面设计如图 5-14 所示。

模型对应制度对象配置界面设计如图 5-15 所示。

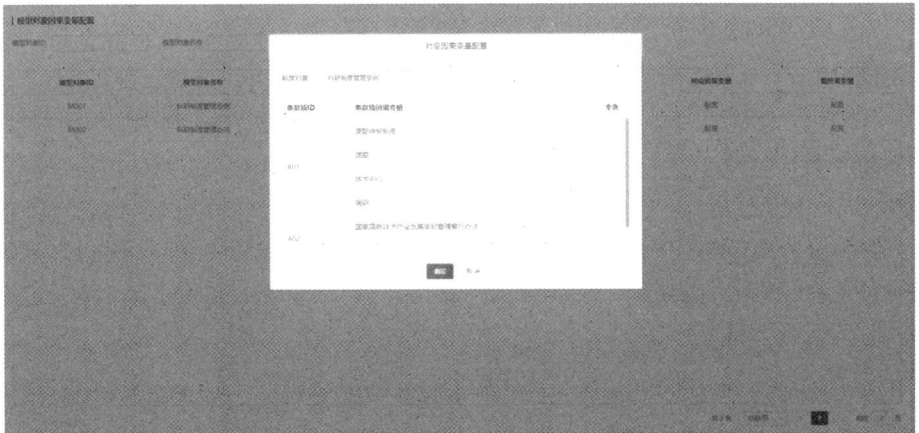

图 5-13　模型对象因果变量配置界面设计图

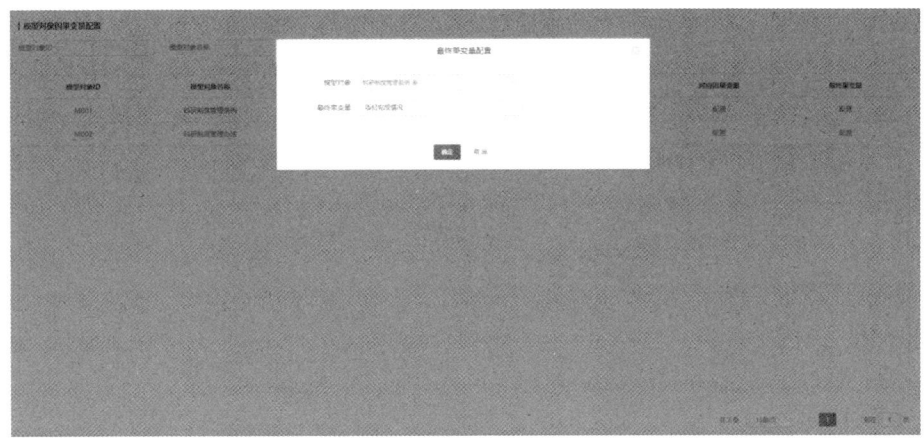

图 5-14　模型对象最终果变量配置界面设计图

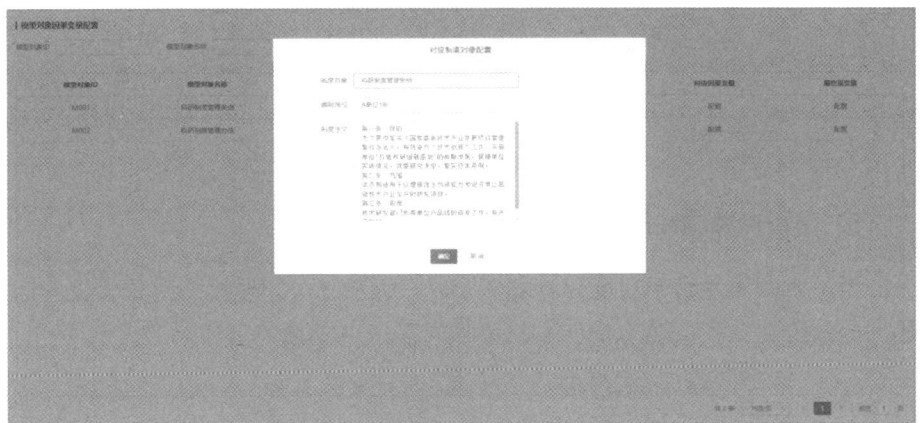

图 5-15　模型对应制度对象配置界面设计图

模型对应制度条款项配置界面设计如图 5-16 所示。

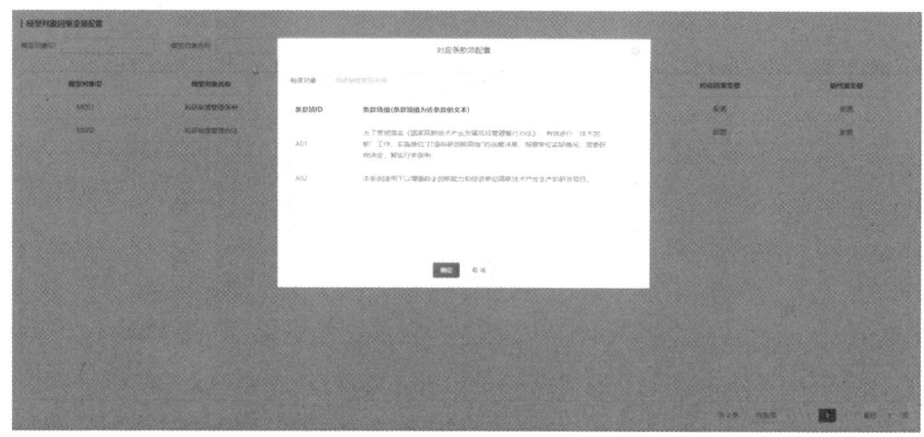

图 5-16　模型对应制度条款项配置界面设计图

7. 模型对象管理界面设计

模型对象管理界面设计如图 5-17 所示。

图 5-17　模型对象管理界面设计图

8. 模型对象属性编辑界面设计

模型对象属性编辑界面设计如图 5-18 所示，可通过模型对象管理界面的"属性编辑"进入该界面，并对模型对象的各项属性进行修改。

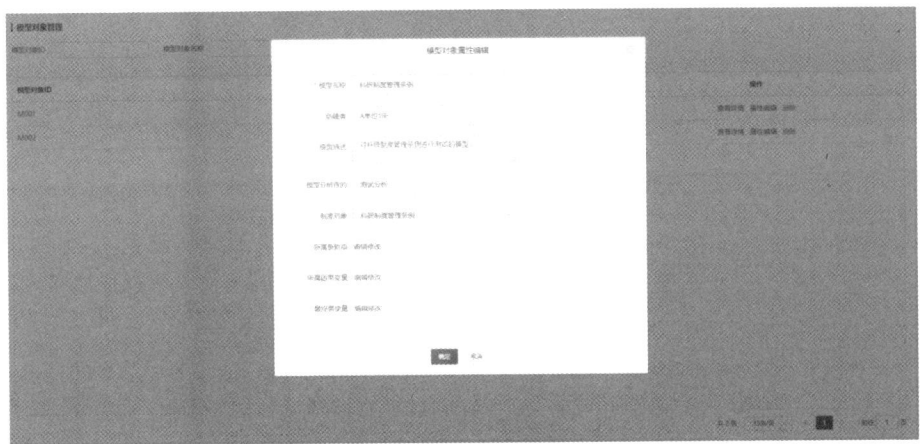

图 5-18 模型对象属性编辑界面设计图

5.2 因果关系识别分系统

5.2.1 功能描述

因果关系识别分系统提供相关性分析工具，完成关键因子相关性、关联性分析；提供因果图绘制功能，包括专家经验绘制法、模型自动绘制法等；提供因果识别功能，对因果图进行校核、剪树，去除伪因果关系；支持因果关系验证，对因果识别结果的正确性和合理性进行分析。因果关系识别主要提供相关性分析、因果草图绘制以及因果关系识别三类功能。

（1）相关性分析主要对科研管理制度建模样本数据进行初步加工处理，分析关键因子之间的相关性，得到关键因子的相关关系网络图，能够支持由专家介入辅助绘制因果草图。

（2）因果草图绘制提供因果图绘制、因果图管理和因果图约束自检功能，支持基于专家经验的因果图绘制、基于算法模型的因果图自动绘制等因果图绘制方法，并且支持因果图绘制完成后进行完整性、合理性和有效性检验。

（3）因果关系识别基于因果图，对数据进行观测，调用相应的识别方法，对因果关系进行甄别，去除伪因果关系；支持基于图论准则的因果关系识别和基于干预演算的因果关系识别方法。

5.2.2 实现逻辑

因果关系识别分系统的功能实现流程如图 5-19 所示。

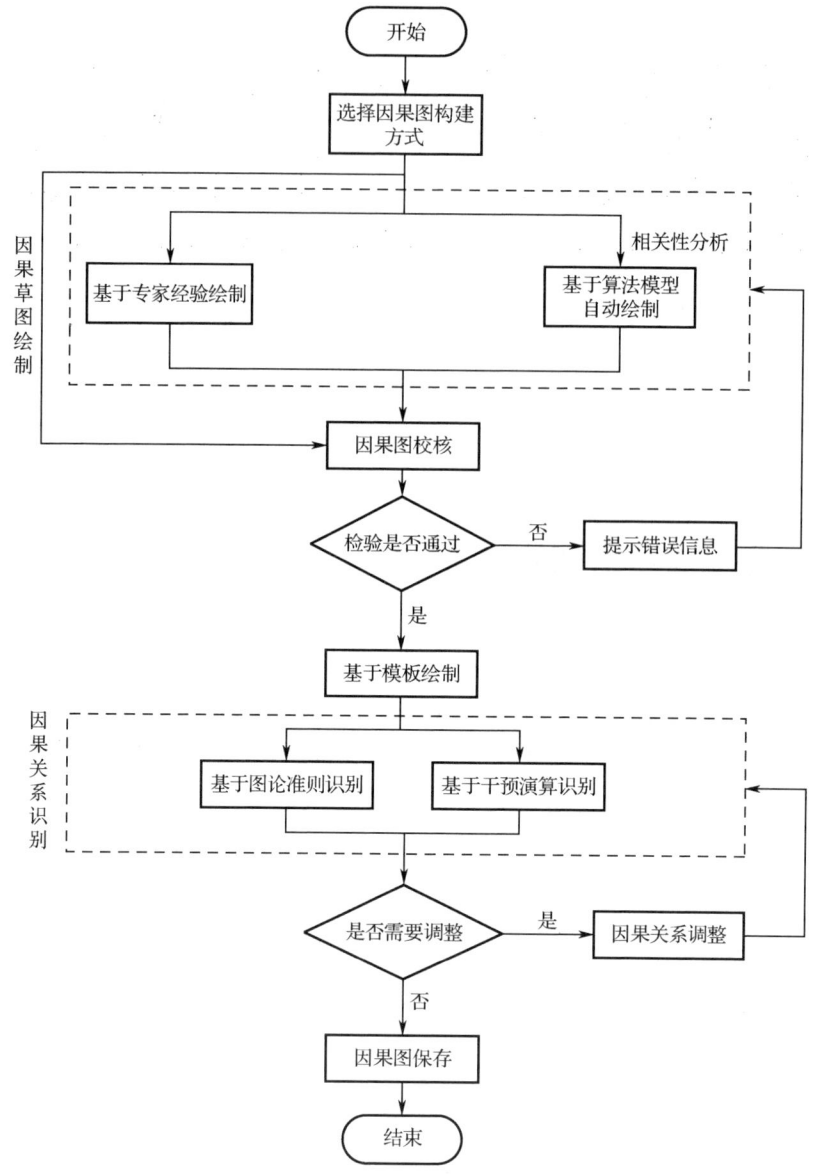

图 5-19 因果关系识别分系统功能实现流程

（1）因果草图绘制：根据研究目标和业务需求，进行因果草图绘制，支持基于专家经验的因果草图辅助绘制、基于算法模型的因果草图自动绘制等绘制方式。其中，基于算法模型的自动绘制方法首先要完成相关性分析。相关性分析是指对因果变量的相关性进行分析，包括采用相关系数法对已有的关联关系网络进行简单相关性分析、偏相关分析，得到各阶偏相关分析结果、基于 Fisher 检验与 t 检验方法对相关关系的显著性进行检验，将不具备相关性的节点间的连线去除等相关性关系识别方法。

（2）因果图校核：主要通过专家确认和因果图约束自检两步，对步骤（1）构建的因果图进行校核，特别是基于算法模型自动绘制生成的因果图，由专家辅助完成因果图检查确认；然后进行因果图校核，进行因子与因果关系检验，检查完整性、合理性、有效性是否符合要求，如果自检通过，进入步骤（3）；否则重新进入步骤（1）。

（3）因果关系识别：基于因果图，对数据进行观测，调用相应的识别方法，对因果关系进行甄别，去除伪因果关系，支持基于图论准则的因果关系识别和基于干预演算的因果关系识别两种方法。当因果图要素完备，即因果图显示出所有样本数据包含的关键因子，选择基于图论准则的因果识别方法，否则选择基于干预演算的因果关系识别方法。

（4）因果关系调整校验：根据因果关系识别的结果判断是否需要进行因果关系调整，如果不需要进行调整，保存因果图，流程结束；否则根据因果关系识别的结果调整因果图和因果关系，重新进入步骤（4）。

下面分别详细介绍因果关系发现、因果草图绘制、因果关系识别的实现逻辑。

1. 因果关系发现实现逻辑

相关性分析主要按照样本实验研究方法，对样本数据进行初步加工处理，分析关键因子之间的相关性，得到关键因子的相关关系网络图，能够支持由专家介入辅助绘制因果草图。其技术途径如图 5-20 所示。

（1）数据输入要求分析：基于业务需求、关键因子、样本数据集，对输入数据类型特性进行分析。

（2）相关性分析：采用相关系数法对已有的关联关系网络进行简单相关性分析，再对各样本数据进行偏相关分析，得到各阶偏相关分析结果。

（3）显著性检验：基于 Fisher 检验与 t 检验方法对相关关系的显著性进行检验，将不具备相关性的节点间的连线去除。考虑输入因子过多的情况下，可以对实验数据进行典型相关分析，提取其中的主要因子。

（4）结果校验：对相关性分析和显著性检验的结果进行校验，如果相关性分析和显著性检验的结果可接受，进入步骤（5）；否则提示结果异常，重新进入步骤（2）。

（5）潜在因果关系表示：基于各阶偏相关分析结果和显著性检验的结果，生成关系识别之后的因果关系网络，得到潜在因果关系表示。

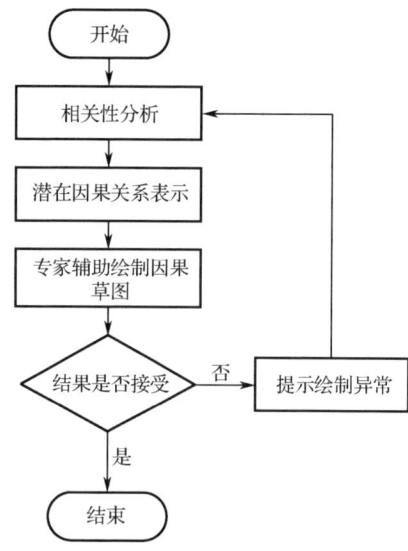

图 5-20　相关性分析技术途径

专家辅助绘制因果图的技术途径如图 5-21 所示。

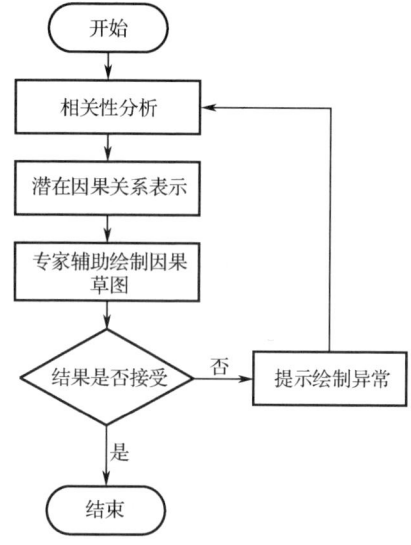

图 5-21　专家辅助绘制因果图技术途径

（1）相关性分析：采用相关系数法对已有的关联关系网络进行简单相关性分析，再对样本数据进行偏相关分析，得到各阶偏相关分析结果。

（2）潜在因果关系表示：基于各阶偏相关分析结果和显著性检验的结果，生成关系识别之后的因果关系网络，得到潜在因果关系表示。

（3）因果关系图绘制：基于相关性分析得到的因果关系图，无法确定因果指向，由专家辅助绘制因子间的因果关系生成因果草图。

（4）因果图校验：对因果图绘制的结果进行校验，如果因果图绘制可接受，保存因果图，流程结束；否则提示绘制异常，重新进入步骤（1）。

2. 因果草图绘制实现逻辑

因果草图绘制提供因果图绘制、因果管理和因果图约束自检功能，支持基于专家经验的因果图绘制、基于算法模型的因果图自动绘制等因果图绘制方法。因果图绘制技术流程如图 5-22 所示。

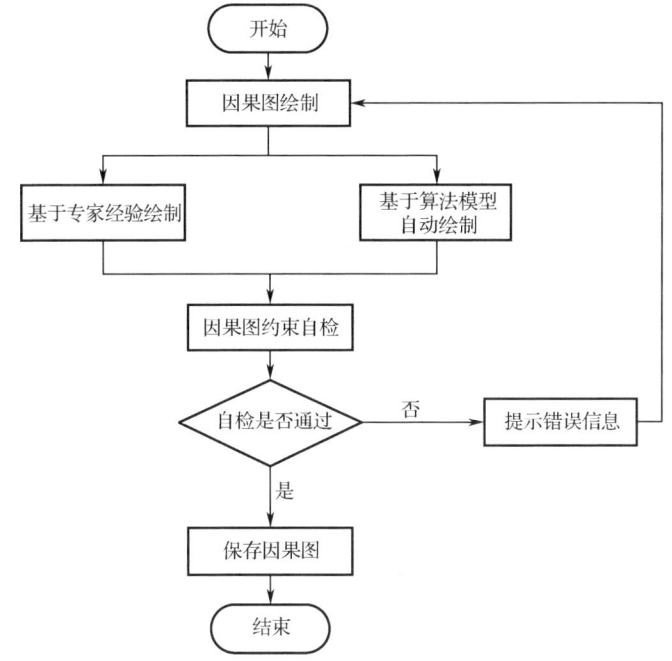

图 5-22　因果图绘制技术流程

（1）因果图构建：根据研究目标和业务需求，进行因果图绘制，支持基于专家经验的因果图辅助绘制和基于算法模型的因果图自动绘制等绘制方式。其中，基于算法模型的因果图自动绘制通过分析关键因子间的相关性，调用因果关系发现模型，查询历史因果关系数据表，完成因果图自动绘制。如果存在关键因子间的因果关系缺失的情况，由专家辅助完成绘制。

（2）因果图约束自检：对构建的因子及因果关系进行检验，检查完整性、合理性、有效性是否符合要求，如果自检通过，保存因果图，流程结束；否则重新进入步骤（1）。

下面详细介绍两种因果图绘制方法。

（1）基于专家经验的因果图绘制。

① 读取科研管理制度模型和关键因子数据集：根据研究要求和业务需求，读取需要进行因果图绘制的评估场景和关键因子数据集。

② 生成关键因子节点：利用因果关系分析工具读取所有的关键因子节点，在因果图中自动生成关键因子节点并以圆圈表示。

③ 人为调整关键因子节点：根据业务需求，在因果图可视化界面中，人为对关键因子节点进行裁剪或增加。

④ 绘制因果关系：根据专家知识经验或者因果关系发现模块成果（关联矩阵、因果关系），绘制关键因子的因果关系。

⑤ 结果校验：对绘制的因果图结果进行校验，如果因果图绘制结果可接受，保存因果图，流程结束；否则提示因果图绘制异常，重新进入步骤①。

（2）基于算法模型的因果图绘制。

① 读取制度条款和关键因子数据集：根据研究要求和业务需求，读取需要进行因果图绘制的评估场景和关键因子数据集。

② 相关性分析：通过相关性分析，得到样本数据集中关键因子之间的相关关系网络图。

③ 调用因果关系发现模型：基于评估场景设计和关键因子数据集，调用因果关系发现模型。

④ 自动绘制因果图：历史因果推断评估所得到的关键因子间的因果关系以数据表形式存储，通过因果关系发现模型，查找历史因果关系数据表，将当前评估场景中的关键因子在数据表中匹配，获取对应因子的所有因果关系，实现因果图自动绘制。其中，缺失的因果关系由专家辅助绘制，并且支持专家对历史关系数据表修改。

⑤ 结果校验：对绘制的因果图结果进行校验，如果因果图绘制结果可接受，保存因果图，流程结束；否则提示因果图绘制异常，重新进入步骤①。

3. 因果关系识别实现逻辑

因果关系识别的实现逻辑是：基于因果图对数据进行观测，调用相应的识别方法，对因果关系进行甄别，去除伪因果关系。系统提供两种因果关系识别的方法：基于图论准则的因果关系识别和基于干预演算的因果关系识别。

5.2.3 输入输出

输入：因果变量、因果模型对象、因果推断外部数据。
输出：因果图、因果关系识别结果。

5.2.4 异常处理

因果关系识别分系统的异常处理如表 5-2 所示。

表 5-2 因果关系识别分系统的异常处理表

序 号	异常名称	产生异常原因	异常处理方式
1	因果图编辑失败	编辑或添加的图形格式不符合要求	给出异常提示信息
2	因果推断数据集生成失败	数据的导入格式不符合导入要求	给出异常提示信息
3	因果关系检测失败	输入不符合检测算法规定的输入格式要求	给出异常提示信息

5.2.5 界面设计

因果图设计与识别主要包括因果图设计、因果推断数据集生成和因果关系识别等几个界面设计。

1. 因果图设计界面设计

因果图设计界面设计如图 5-23 所示，支持通过因果图绘制组件设计因果图，并可对因果图进行编辑、保存、自检等操作。

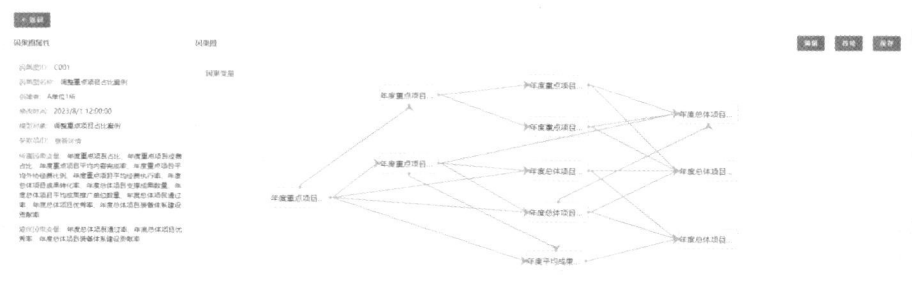

图 5-23 因果图设计界面设计图

因果图设计自检界面设计如图 5-24 所示。

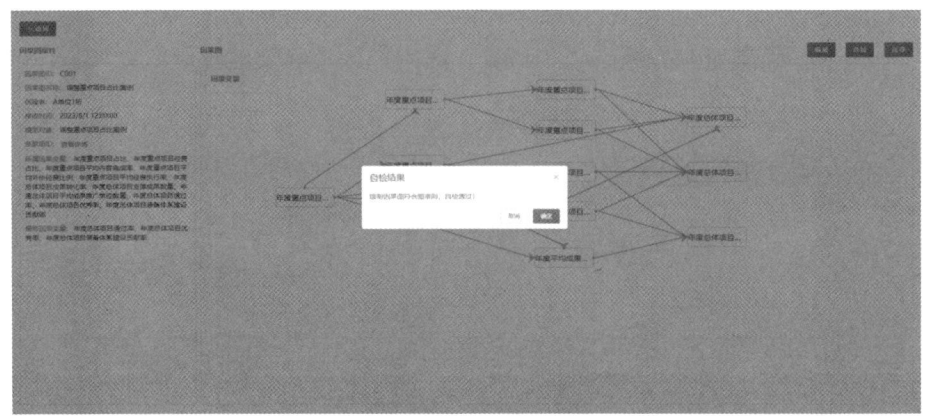

图 5-24　因果图设计自检界面设计图

2. 因果推断数据集生成界面设计

因果推断数据集生成界面设计如图 5-25 所示，支持通过"数据导入"和"数据采集"等方式生成因果推断数据集。

图 5-25　因果推断数据集生成界面设计图

"数据导入"界面设计如图 5-26 所示。

"数据采集"方式可对数据采集类型进行定义，界面设计如图 5-27 所示。

3. 因果关系识别界面设计

因果关系识别界面设计如图 5-28 所示，界面展示因果图以及对因果图的检测结果，根据检测结果可更新因果图。

第 5 章 基于因果推断法的科研管理制度建模分析系统功能实现

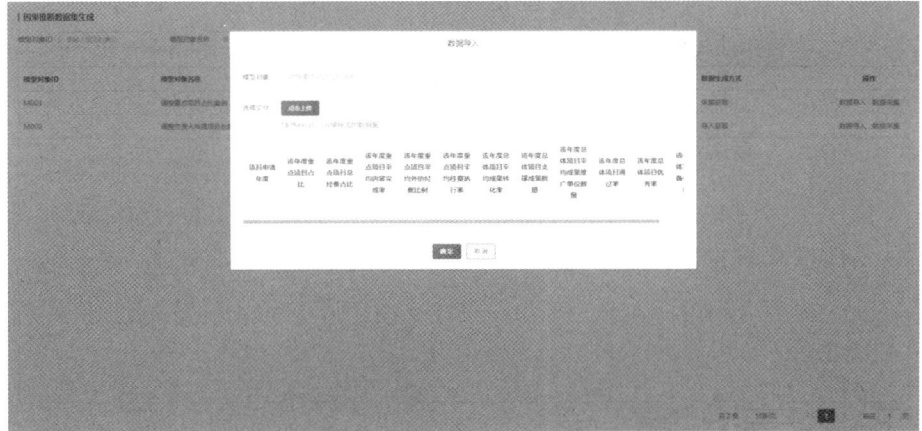

图 5-26 "数据导入"界面设计图

图 5-27 数据采集类型定义界面设计图

图 5-28 因果关系识别界面设计图

5.3 因果效应评估分系统

5.3.1 功能描述

因果效应评估根据因果图特点，调用算法服务引擎，推荐合适的计算模型，基于训练样本数据，计算生成因果关系，提供基于倾向分层、基于倾向得分匹配、两层线性回归、二元工具/Wald 估计等因果效应计算模型，根据每种计算模型都提供相应的样本划分方法。

5.3.2 实现逻辑

因果效应评估分系统的功能实现流程如图 5-29 所示。

（1）评估数据导入：导入需要进行因果效应评估的数据。

（2）实验样本划分：根据样本分布情况，将样本划分成训练样本和测试样本。测试样本中包括利用模型算法生成的反事实样本数据。

（3）因果效应值计算：调用基于倾向分层、基于倾向得分匹配、基于两层线性回归、基于二元工具/Wald 估计等因果效应评估模型，计算变量间的因果效应值。主要有以下四种因果效应评估方法。

① 基于倾向分层的因果效应评估方法。该算法适用于不存在隐藏混淆变量，即满足后门准则的情况，要求因变量为二元分布，且数据中不存在缺项，协变量较少时效果比较好。基于倾向分层的因果效应评估方法首先计算倾向得分，将具有相近倾向得分的数据分为一层，最后对所有数据层计算平均因果效应，输出为因果效应计算结果。

② 基于倾向得分匹配的因果效应评估方法。该算法适用于不存在隐藏混淆变量，即满足后门准则的情况，要求因变量为二元分布，且数据中不存在缺项，协变量较多时同样具有良好的效果。基于倾向得分匹配的因果效应评估方法首先计算倾向得分，将具有相近倾向得分的数据匹配为一组，在匹配的数据组中计算因果效应，输出为因果效应计算结果。

③ 基于两层线性回归的因果效应评估方法。该算法适用于存在隐藏混淆变量的情况，即满足工具变量的情况，且能找到因变量对应的工具变量。基于两层线性回归的因果效应评估方法首先对因变量和工具变量进行回归，从而得到因变量的估计结果，再通过对因变量和果变量的回归，得到因果变量之间的因果效应值，输出为因果效应计算结果。

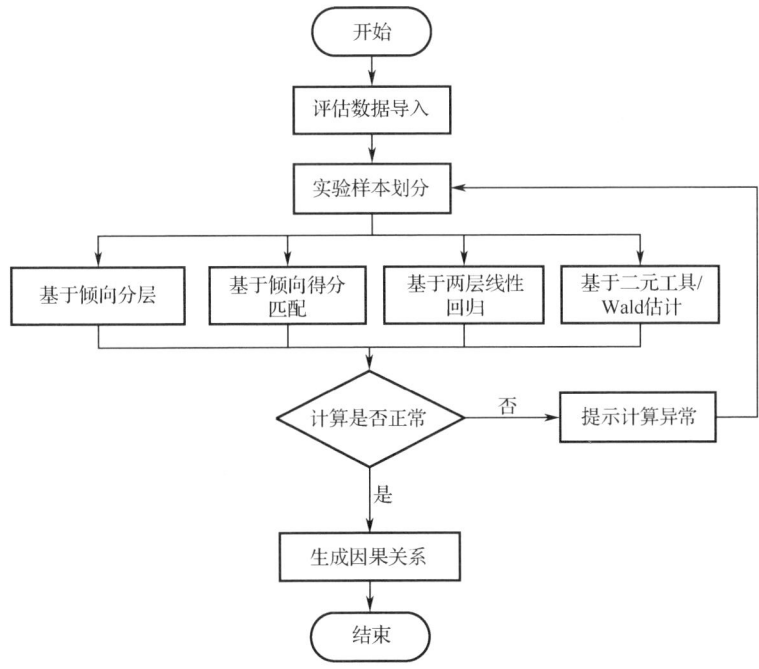

图 5-29 因果效应评估分系统的功能实现流程

④ 基于二元工具/Wald 估计的因果效应评估方法。该算法适用于存在隐藏混淆变量的情况,即满足工具变量的情况,且能找到因变量对应的工具变量,特别是工具变量为二元分布的情况。基于两层线性回归的因果效应评估方法计算因果变量之间的 Wald 比例估计量,得到因果变量之间的因果效应值,输出为因果效应计算结果。

(4)计算校验:对因果效应估计的计算流程进行校验,如果计算流程正常,生成因果关系,流程结束;否则提示因果效应估计计算异常,重新进入步骤(2)。

5.3.3 输入输出

输入:因果结构图、因果效应评估算法。
输出:因果效应值、赋值因果图。

5.3.4 异常处理

因果效应评估分系统的异常处理如表 5-3 所示。

表 5-3 因果效应评估分系统的异常处理表

序 号	异 常 名 称	产生异常原因	异常处理方式
1	因果效应值计算失败	因果效应算法输入不符合要求	给出异常提示信息
2	赋值因果图生成失败	赋值因果图展示格式错误	给出异常提示信息

5.3.5 界面设计

因果效应评估分系统主要包括因果效应值计算、赋值因果图生成两个界面设计。

1. 因果效应值计算界面设计

因果效应值计算界面设计如图 5-30 所示。

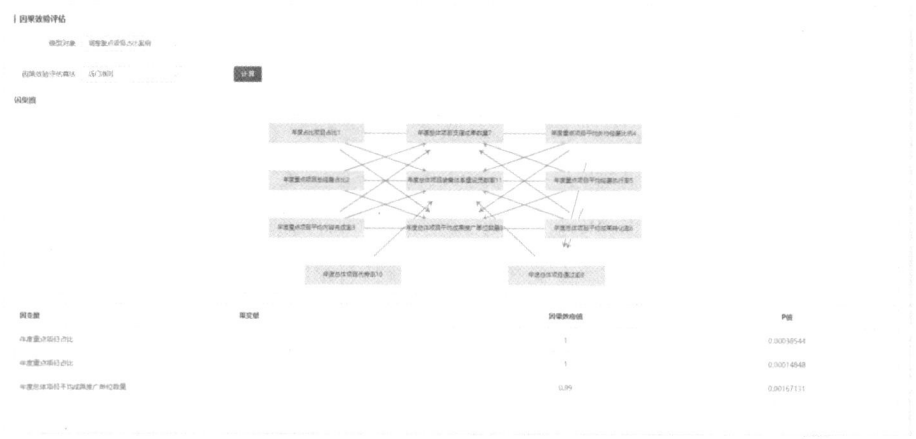

图 5-30 因果效应值计算界面设计图

2. 赋值因果图生成界面设计

赋值因果图生成界面设计如图 5-31 所示。

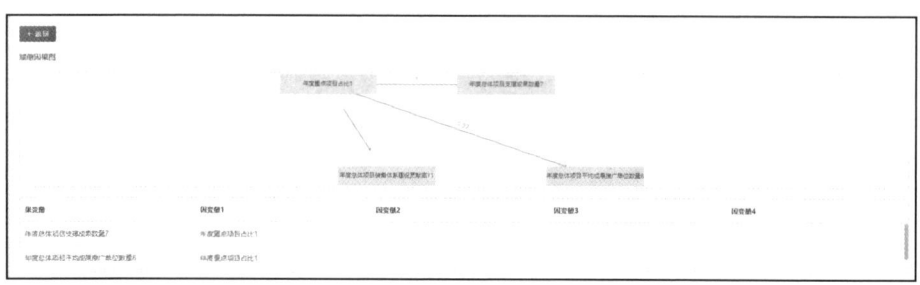

图 5-31 赋值因果图生成界面设计图

5.4 反事实推断分系统

5.4.1 功能描述

反事实推断分系统采用反事实推断方法对因果关系进行干预演算,去除因果图中的不相关因果变量,更新因果模型,并为变量设置决策条件,计算不同决策条件下的因果效应值,构成因果路径决策图。分系统包括反事实推断功能和因果路径决策图生成功能。

5.4.2 实现逻辑

1. 反事实推断

反事实推断功能的实现流程如图 5-32 所示。

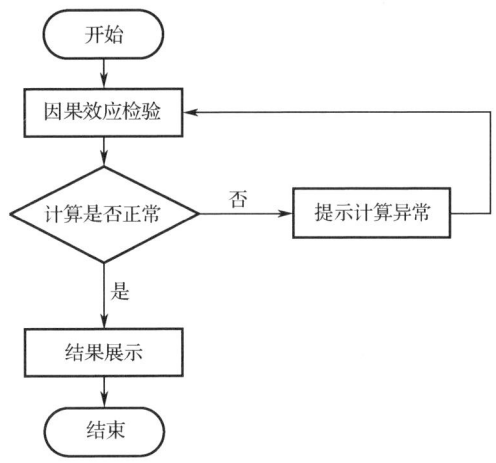

图 5-32 反事实推断功能的实现流程

(1)因果效应检验:基于测试样本,对生成的因果关系进行验证和修正,支持基于数据子集验证的因果效应检验方法。数据子集验证法选择数据中的一部分,即数据子集,重新计算因果效应值,比较前后因果效应变化,检验因果效应计算结果的准确性和鲁棒性。

(2)计算校验:对因果效应检验的计算流程进行校验,如果计算流程正常,生成因果关系描述,展示因果效应检验结果,流程结束;否则提示因果效应检验计算异常,重新进入步骤(1)。

(3)结果展示:展示经过因果效应估计和因果效应结果检验后,量化的因果关系。

2. 因果路径决策图生成

因果路径决策图生成，是利用相关算法，训练样本属性、决策树模型等决策树参数的设置情况，在因果效应估计模块生成的赋值因果图的基础上，生成决策树信息。决策树模型如图 5-33 所示。

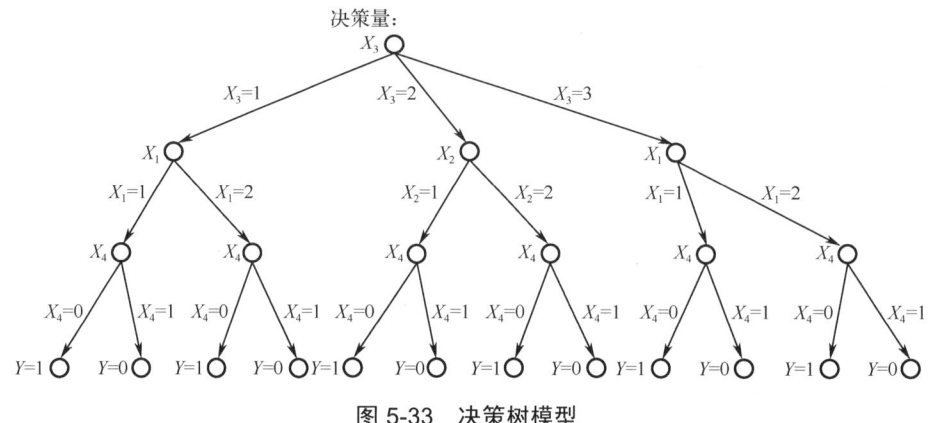

图 5-33　决策树模型

因果路径决策图生成逻辑流程如图 5-34 所示。

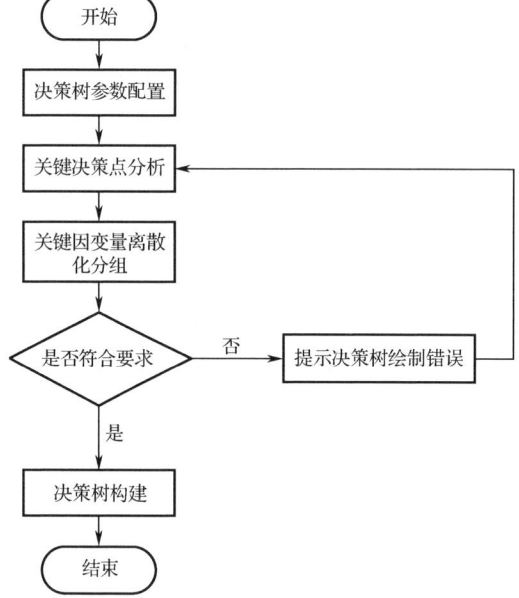

图 5-34　因果路径决策图生成逻辑流程

（1）决策树参数配置：基于训练样本属性、决策树模型等情况对决策树参数进行设置。

（2）关键因变量离散化分组：结合样本数据，对自变量和因变量的值进行离散化分组,构建决策树模型,对关键因变量的影响权重进行排序。

(3)决策树绘制校验:对关键因变量离散化分组的结果进行校验,如果关键因变量离散化分组符合要求,进行决策树绘制,流程结束;否则提示决策树绘制错误,重新进入步骤(1)。

5.4.3 输入输出

输入:因果图结构、因果效应值。

输出:因果关系正确性、因果效应可信性、因果路径决策图。

5.4.4 异常处理

反事实推断分系统的异常处理如表5-4所示。

表5-4 反事实推断分系统的异常处理表

序 号	异 常 名 称	产生异常原因	异常处理方式
1	反事实推断计算失败	算法配置输入不符合计算要求	给出异常提示信息
2	因果路径决策图生成失败	决策条件设置有误	给出异常提示信息

5.4.5 界面设计

反事实推断分系统界面设计主要包括反事实推断验证、因果路径决策图生成两个部分。

1. 反事实推断验证界面设计

反事实推断验证界面设计如图5-35所示,通过配置模型对象、评估算法,在因果效应评估结果值计算的基础上,输出反事实推断结果。

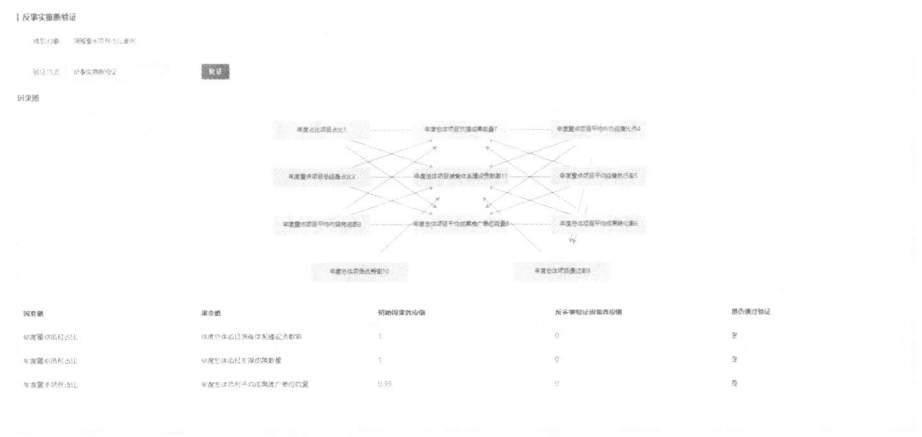

图5-35 反事实推断验证界面设计图

2. 因果路径决策图生成界面设计

因果路径决策图生成界面设计如图 5-36 所示。

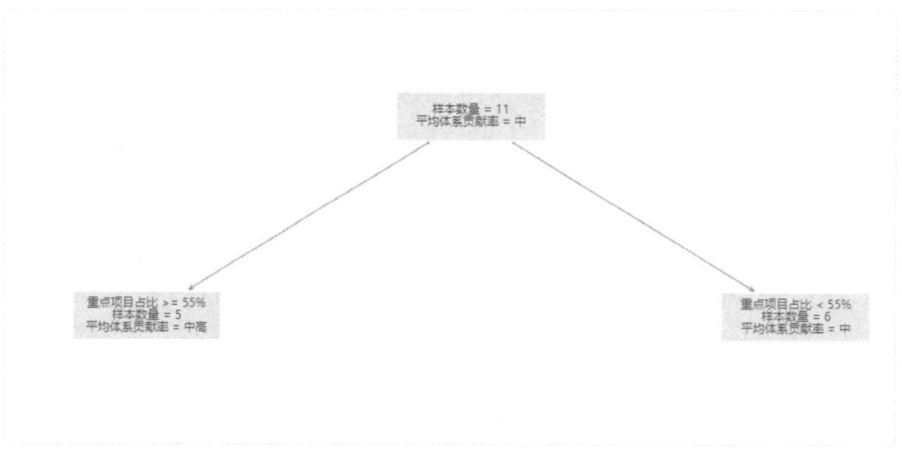

图 5-36　因果路径决策图生成界面设计图

5.5　对比分析分系统

5.5.1　功能描述

对比分析分系统主要是对新旧条款进行效应的对比分析，评估旧科研管理制度条款更新的必要性，并根据路径决策图，给出因果分析的结论，给出因变量最优的决策条件或者区间，生成制度条款设计最佳建议。对比分析分系统包括新老条款效应对比分析功能和模型分析结论与建议生成功能。

5.5.2　实现逻辑

对比分析分系统的功能实现逻辑流程如图 5-37 所示。

（1）比对分析对象选择：加载系统中已有分析结果的各类条款制度，选择待分析对象，系统自动识别待分析条款的新旧变量，生成决策树节点。

（2）对比分析决策树展示：依据所选的分析对象和关键决策数据节点，生成新旧条款更替所带来的关注效果变化，辅助用户评估旧科研管理制度条款更新的必要性。

（3）分析结论生成：依据对比分析结果，系统能够给出因变量的最优决策区间，并提供结论生成模板，辅助用户完成分析结论和制度条款设计建议的编辑。

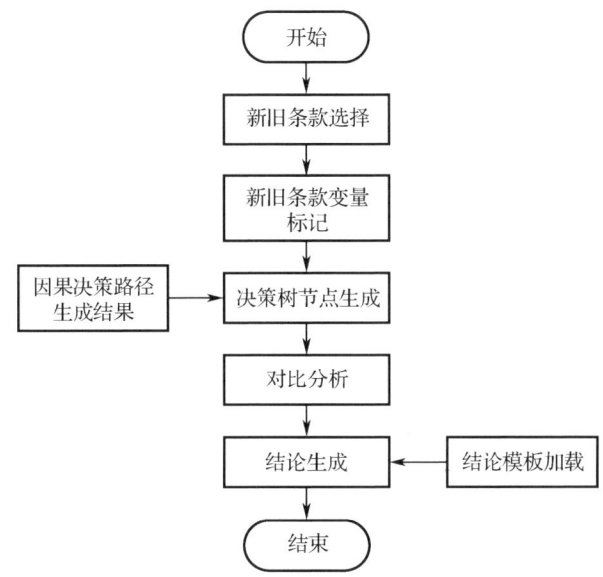

图 5-37　对比分析分系统的功能实现逻辑流程

5.5.3　输入输出

输入：模型对象、所选模型的赋值因果图、路径决策图、分析结论等信息。

输出：对比分析结果、模型分析结论、制度构建建议。

5.5.4　异常处理

对比分析分系统的异常处理如表 5-5 所示。

表 5-5　对比分析分系统的异常处理表

序号	异常名称	产生异常原因	异常处理方式
1	新旧制度条款因果效应对比失败	对比分析配置信息不符合输入要求	给出异常提示信息
2	制度条款设计最佳建议不符合实际情况	因变量最优决策条件区间分析结果有误	给出异常提示信息

5.5.5 界面设计

对比分析分系统界面设计主要包括新旧制度条款因果效应对比、模型分析结论与建议生成两个部分。

1. 新旧制度条款因果效应对比界面设计

新旧制度条款因果效应对比主要是对条款项、因果图、因果效应值、决策路径图等方面进行全面对比，并给出相应的结论，如图 5-38 和图 5-39 所示。

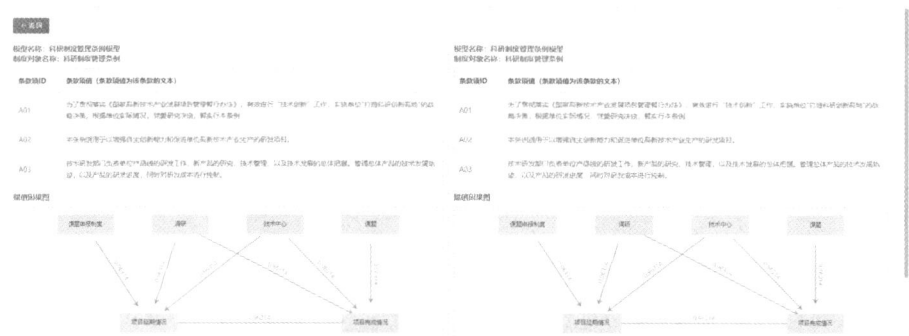

图 5-38　新旧制度条款因果效应对比界面设计图（1）

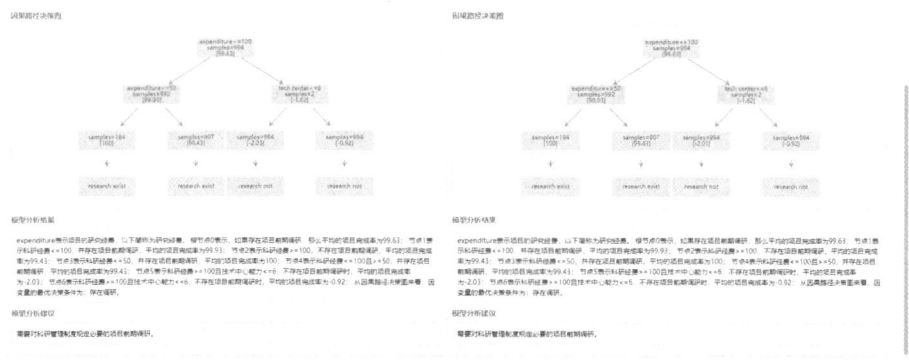

图 5-39　新旧制度条款因果效应对比界面设计图（2）

2. 模型分析结论与建议生成界面设计

模型分析结论与建议生成界面主要给出因果分析的结论，给出因变量最优的决策条件或者区间，生成制度条款设计最佳建议，如图 5-40 所示。

第5章 基于因果推断法的科研管理制度建模分析系统功能实现

模型分析结果

①通过因果路径图中的因果链可知,对于"项目通过率"这个果变量,"项目平均内容完成率"是关键的变量,通过因果路径图可知,不断增加负责人所负责项目个数,则他负责的更多为一般项目,而且项目的内容完成率也变低。这从侧面说明了一般项目的研究内容相比重点项目更少,难度更小,"一般项目占比"少才能保证项目的内容完成率,保证项目通过,如果负责人负责更多的重点项目,由于个人精力有限,难以保证项目的内容完成率,也就无法保证项目的通过率。因此如果要提高年度项目的通过率时,必须要降低个人承担项目的个数和个人承担重点项目的数量。②通过因果路径图中的因果链可知,"负责人平均能力评价"和"一般项目占比"在表18因果链中出现的次数位居所有变量前两位,即这两个变量是对于"调整负责人年度项目总数上限"建模是关键的变量,作为中介变量,这两个变量对项目优秀率和体系贡献率的影响很大,当负责项目为一般项目时,项目获得优秀的概率较低,且体系贡献率不高;反之则项目获得优秀的概率较高,且体系贡献率较高;当负责人能力评价高时,项目获得优秀的概率较高,且体系贡献率较高,反之则项目获得优秀的概率较低,且体系贡献率不高。这从侧面说明了一般项目设立的目标就不是重点面向装备体系建设的,由于研究内容和研究难度决定了一般项目在优秀项目竞争中缺乏实力;此外也说明了负责人能力评价高,才能获评为专家组成员,而且进而活跃在相关领域的科研活动中,更容易获得更多的信息量,对于装备体系建设的需求也更为了解,因此申请重点项目也更容易获批。因此如果要提高年度项目的质量以及项目对装备体系建设贡献率时,必须保证能力评价高的负责人获批更多的重点项目。
③从因果变量决策图分析可得,负责人同时负责项目数量为1时,项目的通过率最高,但是项目的优秀率和体系贡献率最低;负责人同时负责项目数量为2时,虽然项目通过率有所下降,但是项目优秀率和体系贡献率最高;负责人同时负责项目数量大于2时,项目通过率、项目优秀率和体系贡献率均出现明显降低。因此负责人同时负责项目数量的最好不要超过2个,如果负责人同时负责项目数量必须要突破2个限制时,考虑到项目通过率下降的问题,要格外重点关注该负责人;且该负责人所负责的项目中最好要有重点项目,且负责人的能力评价必须为"高"等级。5、新老条款对比 老条款未关注负责人能力评价这个中间变量,因此新老条款在因果路径图对比展示如 图 15所示。老条款中由于没有考虑到负责人能力的评价,5对因果关系的效应值与新条款出现了差别,由于控制变量"负责人平均能力评价",导致因果对"负责人同时负责项目数量→一般项目占比"、"一般项目占比→项目平均支撑成果数量"、"项目平均支撑成果数量→项目平均成果转化率"的因果效应值均降低了;而"项目平均成果转化率→项目优秀率"、"项目平均成果转化率→项目对装备体系建设贡献率"的因果效应值均升高了。说明了"负责人平均能力评价"这个中间变量的重要性,只调节项目支撑成果、项目转化率、项目优秀率、装备体系贡献率的关键变量。

图 5-40 模型分析结论与建议生成界面设计图

第6章
基于因果推断法的科研管理制度建模分析案例

6.1 案例概况

本章以某项科研管理制度为案例,来更加直观地展示应用因果推断法对该制度进行建模分析的过程及结果,从而全面验证因果推断法用于科研管理制度建模分析的优势及价值。

该制度包含总则、职责、计划管理、项目管理、经费管理、成果管理和转化应用、专业咨询组织应用、奖励与处罚、附则,共 9 个章节、44 个条款,如图 6-1 所示。

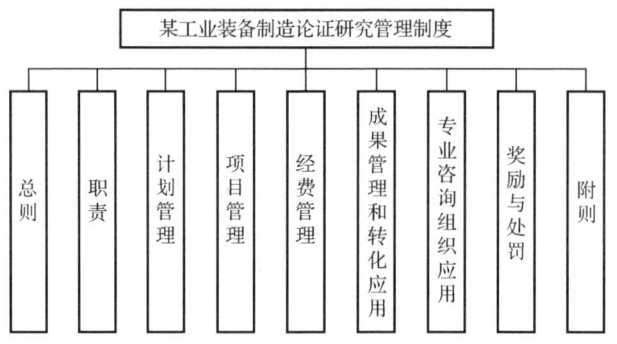

图 6-1 某科研管理制度的章节结构图

总则章节有 7 个条款,包括目的和依据、适用范围、原则、管理体制、承担单位等方面的内容。

职责章节有 3 个条款，包括国务院机关职责、地方政府部门职责、承担单位职责等方面的内容。

计划管理章节有 6 个条款，包括总体要求、五年规划依据内容和编制程序要求、项目申报指南依据内容和编制程序要求、年度计划依据内容和拟制程序要求、年度计划执行要求、五年规划中期调整和验收等方面的内容。

项目管理章节有 6 个条款，包括项目申报及列入年度计划、条件建设项目立项、项目合同管理、项目实施过程管理、项目验收、项目验收后效应评估及技术升级等方面的内容。

经费管理章节有 5 个条款，包括经费使用及依据、年度经费指标、年度自主经费、外协经费比例、经费测算与使用等方面的内容。

成果管理和转化应用章节有 5 个条款，包括成果载体和形式、成果保存维护和信息报送、成果交流共享、成果内容审查要求和敏感成果管控等方面的内容。

专业咨询组织应用章节有 5 个条款，包括地位作用、专业咨询组织设置、管理和使用等方面的内容。

奖励与处罚章节有 3 个条款，包括奖惩依据和原则、主要奖惩对象和方式、人才激励等方面的内容。

附则章节有 4 个条款，包括名词释义、解释权、授权、发布实施和废止等方面的内容。

6.2 因果变量库构建

下面对该制度的各项条款，开展因果变量抽取、制度措施映射和关注效果映射工作。

6.2.1 因果变量抽取

1. 总则章节因果变量抽取

总则章节因果变量抽取针对项目分级和承担单位两项条款开展，结果如图 6-2 所示。

项目分级条款共抽取项目类型、项目经费、项目周期 3 个变量。

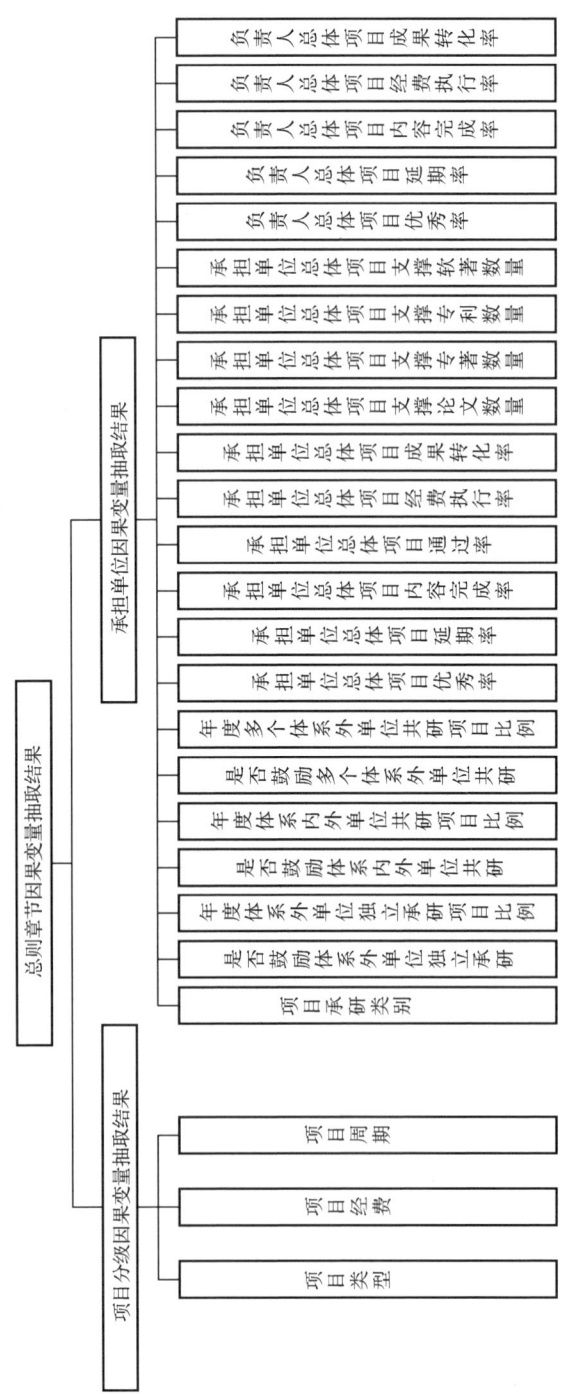

图 6-2 总则章节因果变量抽取结果图

承担单位条款共抽取项目承研类别、是否鼓励体系外单位独立承研、年度体系外单位独立承研项目比例、是否鼓励体系内外单位共研、年度体系内外单位共研项目比例、是否鼓励多个体系外单位共研、年度多个体系外单位共研项目比例、承担单位总体项目优秀率、承担单位总体项目延期率、承担单位总体项目内容完成率、承担单位总体项目通过率、承担单位总体项目经费执行率、承担单位总体项目成果转化率、承担单位总体项目支撑论文数量、承担单位总体项目支撑专著数量、承担单位总体项目支撑专利数量、承担单位总体项目支撑软著数量、负责人总体项目优秀率、负责人总体项目延期率、负责人总体项目内容完成率、负责人总体项目经费执行率、负责人总体项目成果转化率 22 个变量。

由于提取的因果变量数据类型不同,将因果变量类型划分为定类分析变量和定量分析变量。定类分析变量需通过等级划分或布尔标志进行定性到定量转化,定量分析变量直接采取数值即可用于后续案例分析。总则章节 25 个变量的数据类型和采集说明如表 6-1 所示。

表 6-1 总则章节因果变量数据类型和采集说明

序号	所属制度条款	从属的因果变量	变量数据类型	数据采集说明
1		项目类型	定类(重点项目为 1;主要项目为 2;自主安排项目为 3)	以不同项目为对象采集
2	项目分级	项目经费	定类(10 万元以内为 1;10 万~20 万元为 2;20 万~30 万元为 3;30 万~100 万元为 4;100 万~300 万元为 5;300 万~500 万元为 6;500 万~1000 万元为 7;1000 万~2000 万元为 8;2000 万~5000 万元为 9;5000 万~1 亿元为 10;大于 1 亿元为 11)	以不同项目为对象采集
3		项目周期	定类(1 年以内为 1;1~2 年为 2;2~3 年为 3;3~4 年为 4;4~5 年为 5)	以不同项目为对象采集
4	承担单位	项目承研类别	定类(单个体系外单位为 1;单个体系内单位为 2;多个体系外单位共研为 3;多个体系内单位共研为 4;体系外单位共研为 5)	以不同项目为对象采集
5		是否鼓励体系外单位独立承研	定类(是为 1;否为 0)	以每年情况为对象采集

续表

序 号	所属制度条款	从属的因果变量	变量数据类型	数据采集说明
6		年度体系外单位独立承研项目比例	定量（0~1）	以每年情况为对象采集
7		是否鼓励体系内外单位共研	定类（是为1；否为0）	以每年情况为对象采集
8		年度体系内外单位共研项目比例	定量（0~1）	以每年情况为对象采集
9		是否鼓励多个体系外单位共研	定类（是为1；否为0）	以每年情况为对象采集
10		年度多个体系外单位共研项目比例	定量（0~1）	以每年情况为对象采集
11	承担单位	承担单位总体项目优秀率	定量（0~1）	以不同承担单位为对象采集
12		承担单位总体项目延期率	定量（0~1）	以不同承担单位为对象采集
13		承担单位总体项目内容完成率	定量（0~1）	以不同承担单位为对象采集
14		承担单位总体项目通过率	定量（0~1）	以不同承担单位为对象采集
15		承担单位总体项目经费执行率	定量（0~1）	以不同承担单位为对象采集
16		承担单位总体项目成果转化率	定量（0~1）	以不同承担单位为对象采集
17		承担单位总体项目支撑论文数量	定量（整数，>1）	以不同承担单位为对象采集
18		承担单位总体项目支撑专著数量	定量（整数，>1）	以不同承担单位为对象采集
19		承担单位总体项目支撑专利数量	定量（整数，>1）	以不同承担单位为对象采集
20		承担单位总体项目支撑软著数量	定量（整数，>1）	以不同承担单位为对象采集
21		负责人总体项目优秀率	定量（0~1）	以不同负责人为对象采集
22		负责人总体项目延期率	定量（0~1）	以不同负责人为对象采集
23		负责人总体项目内容完成率	定量（0~1）	以不同负责人为对象采集

续表

序　号	所属制度条款	从属的因果变量	变量数据类型	数据采集说明
24	承担单位	负责人总体项目经费执行率	定量（0～1）	以不同负责人为对象采集
25		负责人总体项目成果转化率	定量（0～1）	以不同负责人为对象采集

2．规划计划管理章节因果变量抽取

规划计划管理章节因果变量抽取针对规划、指南编制，年度计划，以及五年规划这三项条款开展，结果如图 6-3 所示。

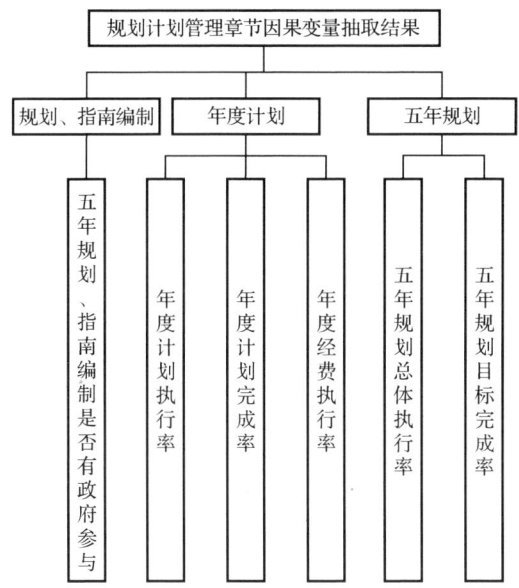

图 6-3　规划计划管理章节因果变量抽取结果图

（1）规划、指南编制条款抽取五年规划、指南编制是否有政府参与 1 个变量。

（2）年度计划条款抽取年度计划执行率、年度计划完成率、年度经费执行率 3 个变量。

（3）五年规划条款抽取五年规划总体执行率、五年规划目标完成率 2 个变量。

规划计划管理章节 6 个变量的数据类型和采集说明如表 6-2 所示。

表 6-2 规划计划管理章节因果变量数据类型和采集说明

序号	所属制度条款	从属的因果变量	变量数据类型	数据采集说明
1	规划、指南编制	五年规划、指南编制是否有政府参与	定类（是为1；否为0）	以每五年情况为对象采集
2	年度计划	年度计划执行率	定量（0~1）	以每年情况为对象采集
3	年度计划	年度计划完成率	定量（0~1）	以每年情况为对象采集
4		年度经费执行率	定量（0~1）	以每年情况为对象采集
5	五年规划	五年规划总体执行率	定量（0~1）	以每五年情况为对象采集
6		五年规划目标完成率	定量（0~1）	以每五年情况为对象采集

3. 项目管理章节因果变量抽取

项目管理章节因果变量抽取针对项目申报、项目实施过程管理、项目验收 3 项条款开展，结果如图 6-4 所示。

项目申报条款共抽取年度承担单位申报与未完成项目数量、年度负责人申报与未完成项目数量、负责人是否为专业咨询组成员、年度重点项目占比、年度主要项目占比、年度自主安排项目占比、急需或重点项目是否指定承担单位、急需或重点项目是否指定负责人 8 个变量。

项目实施过程管理条款共抽取项目负责人裁量权、项目里程碑考核次数、项目里程碑考核方式、项目里程碑考核内容、项目里程碑考核是否通过 5 个变量。

项目验收条款共抽取项目内容完成率、项目经费执行率、项目经费结余率、年度项目通过率、年度项目延期率、年度项目优秀率、年度项目总体经费执行率、年度项目总体经费结余率、年度承担单位项目总体内容完成率、年度承担单位延期项目数量、年度承担单位优秀项目数量、年度承担单位总体经费结余、年度负责人项目总体内容完成率、年度负责人延期项目数量、年度负责人优秀项目数量、项目延期月数、项目经费使用是否合理、项目是否出现学术不端行为、项目验收内容 19 个变量。

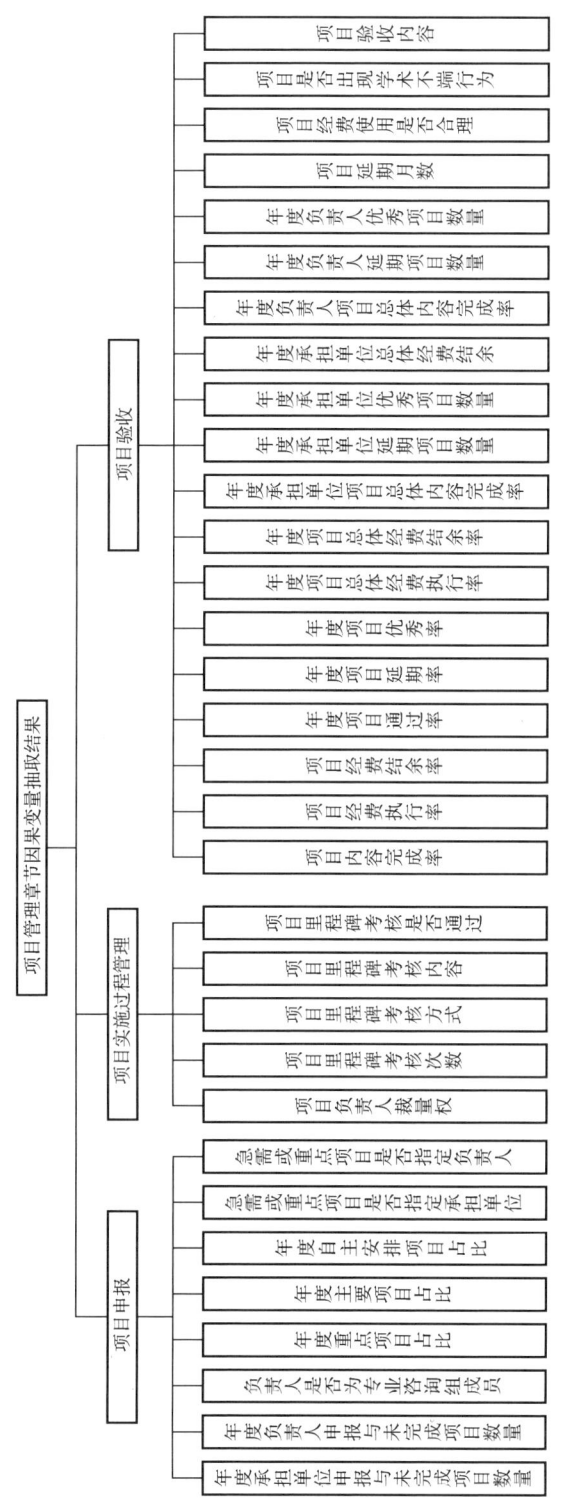

图 6-4 项目管理章节因果变量抽取结果图

项目管理章节 32 个变量的数据类型和采集说明如表 6-3 所示。

表 6-3 项目管理章节因果变量的数据类型和采集说明

序号	所属制度条款	从属的因果变量	变量数据类型	数据采集说明
1	项目申报	年度承担单位申报与未完成项目数量	定量（整数，>1）	以每年不同承担单位情况为对象采集
2		年度负责人申报与未完成项目数量	定量（整数，>1）	以每年不同负责人情况为对象采集
3		负责人是否为专业咨询组成员	定类（是为1；否为0）	以不同项目为对象采集
4		年度重点项目占比	定量（0~1）	以每年情况为对象采集
5		年度主要项目占比	定量（0~1）	以每年情况为对象采集
6		年度自主安排项目占比	定量（0~1）	以每年情况为对象采集
7		急需或重点项目是否指定承担单位	定类（是为1；否为0）	以不同项目为对象采集
8		急需或重点项目是否指定负责人	定类（是为1；否为0）	以不同项目为对象采集
9	项目实施过程管理	项目负责人裁量权	定类（弱为1；中为2；强为3）	以不同项目为对象采集
10		项目里程碑考核次数	定量（整数，>1）	以不同项目为对象采集
11		项目里程碑考核方式	定类（承担单位自己组织为1；上级分管部门组织为2）	以不同项目为对象采集
12		项目里程碑考核内容	定类（文审为1；文审+实物验证为2）	以不同项目为对象采集
13		项目里程碑考核是否通过	定类（是为1；否为0）	以不同项目为对象采集
14	项目验收	项目内容完成率	定量（0~1）	以不同项目为对象采集
15		项目经费执行率	定量（0~1）	以不同项目为对象采集
16		项目经费结余率	定量（0~1）	以不同项目为对象采集
17		年度项目通过率	定量（0~1）	以每年情况为对象采集
18		年度项目延期率	定量（0~1）	以每年情况为对象采集
19		年度项目优秀率	定量（0~1）	以每年情况为对象采集

续表

序号	所属制度条款	从属的因果变量	变量数据类型	数据采集说明
20	项目验收	年度项目总体经费执行率	定量（0~1）	以每年情况为对象采集
21		年度项目总体经费结余率	定量（0~1）	以每年情况为对象采集
22		年度承担单位项目总体内容完成率	定量（0~1）	以每年不同承担单位情况为对象采集
23		年度承担单位延期项目数量	定量（整数，>1）	以每年不同承担单位情况为对象采集
24		年度承担单位优秀项目数量	定量（整数，>1）	以每年不同承担单位情况为对象采集
25		年度承担单位总体经费结余	定量（实数，>0万元）	以每年不同承担单位情况为对象采集
26		年度负责人项目总体内容完成率	定量（0~1）	以每年不同负责人情况为对象采集
27		年度负责人延期项目数量	定量（整数，>1）	以每年不同负责人情况为对象采集
28		年度负责人优秀项目数量	定量（整数，>1）	以每年不同负责人情况为对象采集
29		项目延期月数	定量（整数，>1）	以不同项目为对象采集
30		项目经费使用是否合理	定类（是为1；否为0）	以不同项目为对象采集，包含经费是否被挪用、是否超支、是否存在廉洁问题
31		项目是否出现学术不端行为	定类（是为1；否为0）	以不同项目为对象采集，包含抄袭、造假等
32		项目验收内容	定类（文审为1；文审+实物验证为2）	以不同项目为对象采集

4. 经费管理章节因果变量抽取

经费管理章节因果变量抽取针对经费使用原则1项条款开展，共抽取项目自主经费比例、年度承担单位自主经费占比、项目外协经费比例、项目绩效经费等级4个变量，结果如图6-5所示。

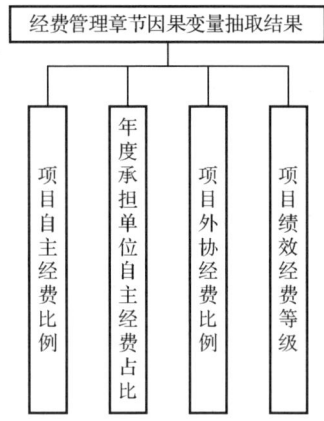

图 6-5　经费管理章节因果变量抽取结果图

经费管理章节 4 个变量的数据类型和采集说明如表 6-4 所示。

表 6-4　经费管理章节因果变量的数据类型和采集说明

序号	所属制度条款	从属的因果变量	变量数据类型	数据采集说明
1	经费使用原则	项目自主经费比例	定量（0~1）	以不同项目为对象采集
2		年度承担单位自主经费占比	定量（0~1）	以每年不同承担单位情况为对象采集
3		项目外协经费比例	定量（0~1）	以不同项目为对象采集
4		项目绩效经费等级	定类（低为 1；中低为 2；中为 3；中高为 4；高为 5）	以不同项目为对象采集

5. 成果管理和转化应用章节因果变量抽取

成果管理和转化应用章节因果变量抽取针对成果交流共享、成果转化 2 项条款开展，结果如图 6-6 所示。

成果交流共享条款共抽取项目成果完好率、年度项目总体成果完好率、项目支撑论文数量、项目支撑专著数量、项目支撑专利数量、项目支撑软著数量、项目支撑成果数量、年度项目总体支撑成果数量、年度承担单位项目总体支撑成果数量 9 个变量。

成果转化条款共抽取项目成果转化率、年度项目成果转化率、项目成果推广单位数量、年度项目成果推广单位数量、年度项目对装备体系建设贡献率、年度项目总体对装备体系建设贡献率、年度承担单位项目总体对装备体系建设贡献率、年度负责人项目总体对装备体系建设贡献率 8 个变量。

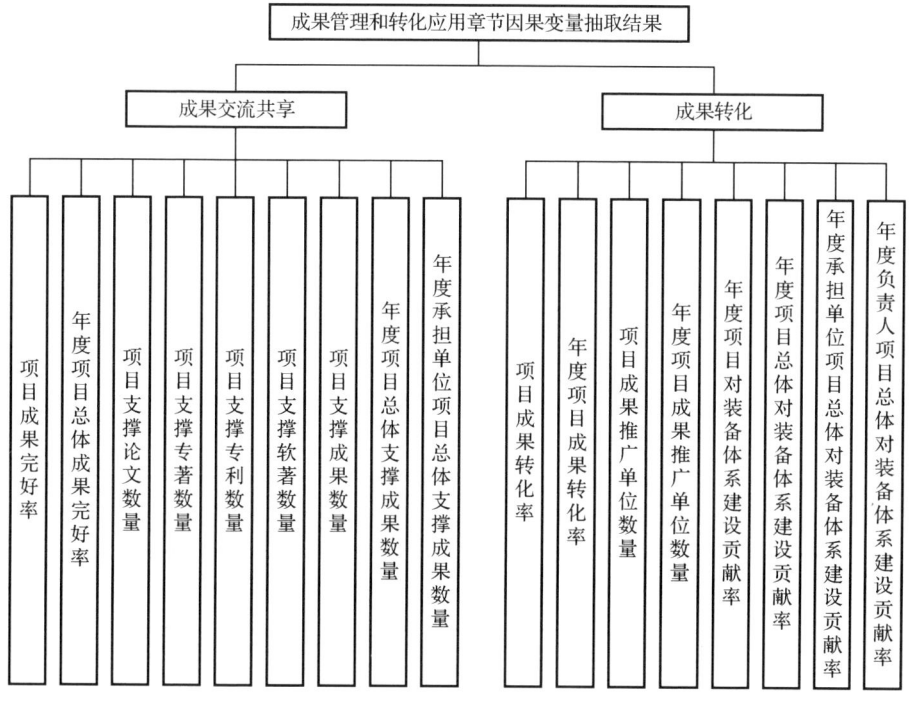

图 6-6　成果管理和转化应用章节因果变量抽取结果图

成果管理和转化应用章节 17 个因果变量的数据类型和采集说明如表 6-5 所示。

表 6-5　因果变量的数据类型和采集说明

序号	所属制度条款	从属的因果变量	变量数据类型	数据采集说明
1	成果交流共享	项目成果完好率	定量（0~1）	以不同项目为对象采集
2		年度项目总体成果完好率	定量（0~1）	以每年情况为对象采集
3		项目支撑论文数量	定量（整数，>1）	以不同项目为对象采集
4		项目支撑专著数量	定量（整数，>1）	以不同项目为对象采集
5		项目支撑专利数量	定量（整数，>1）	以不同项目为对象采集
6		项目支撑软著数量	定量（整数，>1）	以不同项目为对象采集

续表

序号	所属制度条款	从属的因果变量	变量数据类型	数据采集说明
7	成果交流共享	项目支撑成果数量（论文+专著+专利+软著）	定量（整数，>1）	以不同项目为对象采集
8		年度项目总体支撑成果数量（论文+专著+专利+软著）	定量（整数，>1）	以每年情况为对象采集
9		年度承担单位项目总体支撑成果数量（论文+专著+专利+软著）	定量（整数，>1）	以每年不同承担单位情况为对象采集
10	成果转化	项目成果转化率	定量（0~1）	以不同项目为对象采集
11		年度项目成果转化率	定量（0~1）	以每年情况为对象采集
12		项目成果推广单位数量	定量（整数，>1）	以不同项目为对象采集
13		年度项目成果推广单位数量	定量（整数，>1）	以每年情况为对象采集
14		年度项目对装备体系建设贡献率	定类（低为1；中低为2；中为3；中高为4；高为5）	以每年不同项目情况为对象采集
15		年度项目总体对装备体系建设贡献率	定类（低为1；中低为2；中为3；中高为4；高为5）	以每年情况为对象采集
16		年度承担单位项目总体对装备体系建设贡献率	定类（低为1；中低为2；中为3；中高为4；高为5）	以每年不同承担单位情况为对象采集
17		年度负责人项目总体对装备体系建设贡献率	定类（低为1；中低为2；中为3；中高为4；高为5）	以每年不同负责人情况为对象采集

6.2.2 管理措施及其映射变量分析

针对该制度中的各项管理措施条款，通过对用户后期应用调研，形成待研究、待验证的管理措施集。本节主要针对该管理措施集开展因果变量映射，将待分析的文本措施描述映射至定类或定量描述的因果变量，并将其与关注效果进行关联。

管理措施集共包括调整自主安排项目经费、调整主要项目经费、调整重点项目经费、调整重点项目占比、调整自主安排项目占比、鼓励体系外单位独立承研、鼓励体系内外单位共研、鼓励多个体系外单位共研、调整里程碑考核次数、调整里程碑考核方式、调整里程碑考核内容、调整政府参与五年规划指南编制审核对象范围、调整负责人年度项目总数上限、调整负责人裁量权、负责人为专业咨询组成员是否合理、调整急需或重点项目指定承担单位、调整急需或重点项目指定负责人、调整项目验收内容、调整承担单位年度自主经费比例上限、调整外协经费比例上限、调整绩效经费等级共 21 项管理措施。

管理措施与因果变量之间的映射关系如表 6-6 所示。

表 6-6 管理措施与因果变量之间的映射关系

序 号	管 理 措 施	映射因变量	关 注 效 果
1	调整自主安排项目经费	项目经费、项目类型	项目质量高、承担单位能力提升
2	调整主要项目经费	项目经费、项目类型	项目质量高、对装备体系贡献率高
3	调整重点项目经费	项目经费、项目类型	项目质量高、对装备体系贡献率高
4	调整重点项目占比	年度重点项目占比、年度主要项目占比	对装备体系贡献率高、成果推广有力
5	调整自主安排项目占比	年度自主安排项目占比	对装备体系贡献率高、承担单位能力提升
6	鼓励体系外单位独立承研	是否鼓励体系外单位独立承研、项目承研类别、年度体系外单位独立承研项目比例	项目质量高、对装备体系贡献率高、成果推广有力、年度计划合理
7	鼓励体系内外单位共研	是否鼓励体系内外单位共研、项目承研类别、年度体系内外单位共研项目比例	项目质量高、对装备体系贡献率高、承担单位能力提升、成果推广有力、年度计划合理
8	鼓励多个体系外单位共研	是否鼓励多个体系外单位共研、项目承研类别、年度多个体系外单位共研项目比例	项目质量高、对装备体系贡献率高、承担单位能力提升、成果推广有力、年度计划合理
9	调整里程碑考核次数	项目里程碑考核次数	项目质量高、年度计划合理
10	调整里程碑考核方式	项目里程碑考核方式	项目质量高、年度计划合理
11	调整里程碑考核内容	项目里程碑考核内容	项目质量高、年度计划合理
12	调整政府参与五年规划指南编制审核对象范围	五年规划、指南编制审核是否有政府参与	年度计划合理、项目质量高、成果推广有力、成果对体系贡献率高
13	调整负责人年度项目总数上限	年度负责人申报与未完成项目数量	年度计划合理、项目质量高、成果推广有力、成果对体系贡献率高

续表

序 号	管理措施	映射因变量	关注效果
14	调整负责人裁量权	项目负责人裁量权	项目质量高、成果推广有力、成果对体系贡献率高
15	负责人为专业咨询组成员是否合理	负责人是否为专业咨询组成员	项目质量高、成果推广有力、成果对体系贡献率高
16	调整急需或重点项目指定承担单位	急需或重点项目是否指定承担单位	项目质量高、成果推广有力、成果对体系贡献率高
17	调整急需或重点项目指定负责人	急需或重点项目是否指定负责人	项目质量高、成果推广有力、成果对体系贡献率高
18	调整项目验收内容	项目验收内容	项目质量高、成果推广有力、成果对体系贡献率高
19	调整承担单位年度自主经费比例上限	年度承担单位自主经费占比	项目质量高、成果推广有力、成果对体系贡献率高、承担单位能力提升、年度计划合理
20	调整外协经费比例上限	项目外协经费比例	项目质量高、成果推广有力、成果对体系贡献率高、承担单位能力提升、年度计划合理
21	调整绩效经费等级	项目绩效经费等级	项目质量高、成果推广有力、成果对体系贡献率高、承担单位能力提升、年度计划合理

6.2.3 关注效果及其映射变量

本节主要针对制度实施后的关注效果进行果变量映射，共选取年度计划合理、年度项目质量高、承担单位能力提升、成果推广有力、成果对装备体系贡献率高 5 个方面的关注效果开展果变量映射研究。

选取年度计划执行率、年度计划完成率、年度经费执行率、五年规划总体执行率、五年规划目标完成率 5 个果变量来映射年度计划合理效果，如图 6-7 所示。

选取年度项目通过率、年度项目延期率、年度项目优秀率、承担单位总体项目通过率、承担单位总体项目优秀率、承担单位总体项目延期率 6 个果变量来映射年度项目质量高效果，如图 6-8 所示。

选取承担单位总体项目支撑论文数量、承担单位总体项目支撑专著数量、承担单位总体项目支撑专利数量、承担单位总体项目支撑软著数量、年度承担单位项目总体支撑成果数量 5 个果变量来映射承担单位能力提升效果，如图 6-9 所示。

第6章 基于因果推断法的科研管理制度建模分析案例

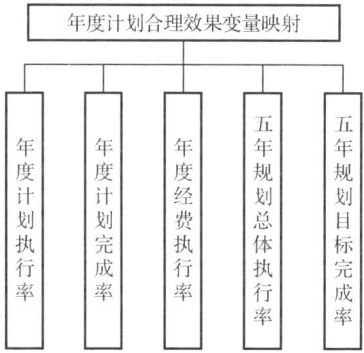

图 6-7 年度计划合理效果变量映射结果图

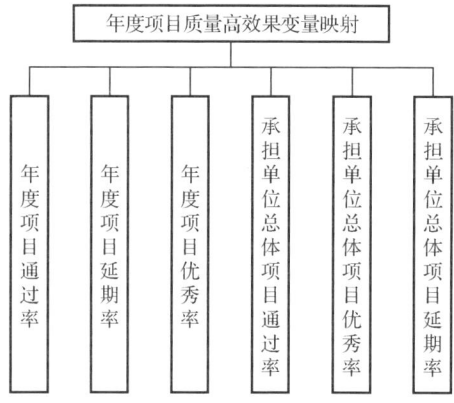

图 6-8 年度项目质量高效果变量映射结果图

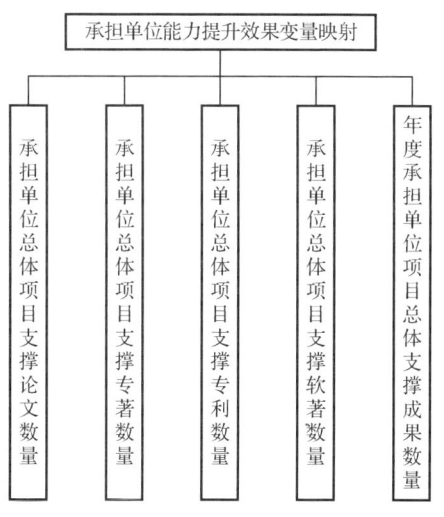

图 6-9 承担单位能力提升效果变量映射结果图

选取项目支撑论文数量、项目支撑专著数量、项目支撑专利数量、项目支撑软著数量、项目支撑成果数量、年度项目总体支撑成果数量、项目成果完好率、年度项目总体成果完好率、项目成果转化率、年度项目成果转化率、项目成果推广单位数量、年度项目成果推广单位数量 12 个果变量来映射成果推广有力效果，如图 6-10 所示。

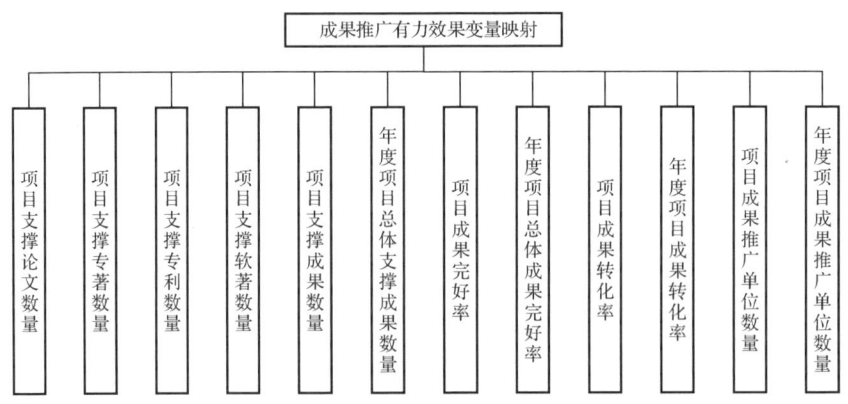

图 6-10　成果推广有力效果变量映射结果图

选取年度项目对装备体系建设贡献率、年度项目总体对装备体系建设贡献率、年度承担单位项目总体对装备体系建设贡献率、年度负责人项目总体对装备体系建设贡献率 4 个果变量来映射成果对装备体系贡献率高效果，如图 6-11 所示。

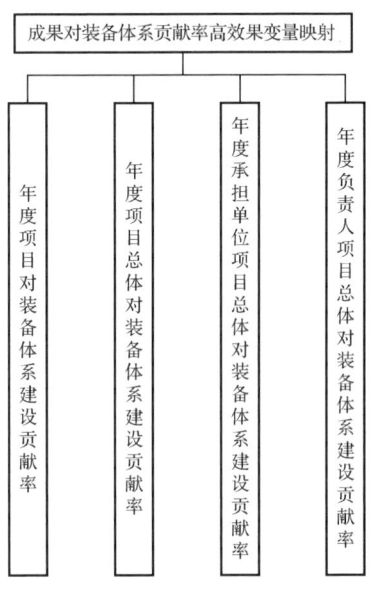

图 6-11　成果对装备体系贡献率高效果变量映射结果图

6.3 因果关系分析

下面选取"调整重点项目占比"和"调整负责人年度项目总数上限"这两个管理措施,分别进行管理措施与关注效果之间的因果关系分析。

6.3.1 "调整重点项目占比"与关注效果之间的因果关系分析

重点项目占比是指在论证研究整体计划中,重点项目的数量所占的比例,这个比例具有重要意义。从能力发展角度来讲,重点项目占比与国家工业装备体系能力建设思路紧密相关。重点项目占比较高,能够对重点方向领域的关键技术攻关起到推动作用,有助于快速弥补工业装备体系短板弱项或继续夯实巩固优势能力;但重点项目占比较高会导致自主安排项目的资源不足,可能会影响其他萌芽技术的诞生和发展,不利于体系能力建设多点开花的局面出现。

衡量管理措施对作用效果的影响,可以认为是探究管理措施与作用效果之间有无因果关系以及对因果效应量化评估的过程。从统计学角度来看,管理措施对作用效果的影响,往往会在应用该措施的项目统计数据中直接或间接地体现出来。因此,本书基于项目统计数据,利用所提出的因果推断技术来进行分析。

1. 因果关系草图绘制

针对"调整重点项目占比"这个措施,初步共选取因果变量 11 个,分别为年度重点项目占比、年度重点项目总经费占比、年度重点项目平均内容完成率、年度重点项目平均外协经费比例、年度重点项目平均经费执行率、年度总体项目平均成果转化率、年度总体项目支撑成果数量、年度总体项目平均成果推广单位数量、年度总体项目通过率、年度总体项目优秀率、年度总体项目装备体系建设贡献率,结合项目管理经验开展因果草图构建。具体操作中,针对各个因果变量,依次分析其可能会影响的果变量,然后完成因果草图绘制。

年度重点项目占比影响果变量分析,结合管理学知识分析和相关法规制度可知:重点项目一般经费较多,当年度重点项目占比较高时,对应的年度重点项目总经费占比也会变多;重点项目的难度较高、验收标准较为严格且能够承担重点项目的单位和人员有限,因此当年度重点项目占比提升时,可能会带来年度重点项目平均内容完成率的下降;重点项目的成果往往具有较大价值,项目的交付完成往往包括大量的专利著作成果,因此可认为年度重点项目占比也会影响年度总体项目支撑成果数量、年度总体项目平均成果推广单位数量、年度总体项目平均成果转化率等变量。

年度重点项目总经费占比影响果变量分析:当年度重点项目总经费占比提升时,由于能够承担重点项目的单位或人员有限,因此可预见年度重点项目平均外协比例会随之增加;但是,各类规定都明确了项目的最高外协比例,因此受限于人员和能力问题,年度重点项目平均经费执行率可能会降低。

年度重点项目平均内容完成率影响果变量分析:年度重点项目平均内容完成率会直接影响年度总体项目通过率;同时,其决定了年度总体项目通过数量,进而会对年度总体项目支撑成果数量、年度总体项目平均成果推广单位数量产生影响。

年度重点项目平均外协经费比例影响果变量分析:承担单位对外协单位的择优标准、管理流程各不相同,因此外协经费比例的增加对年度总体项目通过率和年度总体项目优秀率都会有影响。

年度重点项目经费执行率影响果变量分析:经费执行率往往能够反映项目研究内容的完成率和研究深度,因此对年度总体项目通过率和年度总体项目优秀率都会有影响。

年度总体项目平均成果转化率影响果变量分析:年度总体项目平均成果转化率影响年度总体项目优秀率和年度总体项目装备体系建设贡献率。

年度总体项目支撑成果数量果变量分析:年度总体项目支撑成果数量影响年度总体项目通过率、年度总体项目优秀率和年度总体项目装备体系建设贡献率。

年度总体项目平均成果推广单位数量果变量影响分析:年度总体项目平均成果推广单位数量影响年度总体项目装备体系建设贡献率。

基于上述分析,绘制因果草图如图 6-12 所示。

2. 数据采集

依据因果变量数据映射结果及因果草图构建结果,可以生成因果推断数据集采集表,采集表的表头如表 6-7 所示。

由科研项目管理专家或相关业务人员根据表 6-7 所示的表头,并根据实际的项目管理过程数据进行人工填报,生成如表 6-8 所示的采集数据。

第6章 基于因果推断法的科研管理制度建模分析案例

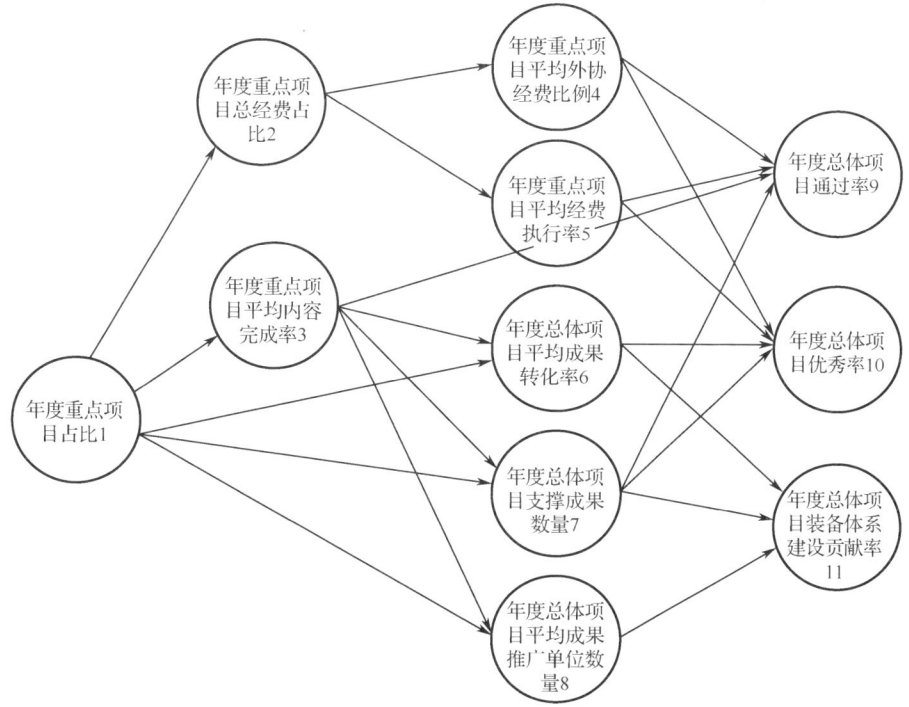

图 6-12 "调整重点项目占比"措施因果草图

表 6-7 "调整重点项目占比"采集数据表头

项目申请年度	该年度重点项目占比	该年度重点项目总经费占比	该年度重点项目平均内容完成率	该年度重点项目平均外协经费比例	该年度重点项目平均经费执行率	该年度总体项目平均成果转化率	该年度总体项目支撑成果数量	该年度总体项目平均成果推广单位数量	该年度总体项目通过率	该年度总体项目优秀率	该年度总体项目装备体系建设贡献率

表 6-8 "调整重点项目占比"采集数据示例

项目申请年度	该年度重点项目占比	该年度重点项目总经费占比	该年度重点项目平均内容完成率	该年度重点项目平均外协经费比例	该年度重点项目平均经费执行率	该年度总体项目平均成果转化率	该年度总体项目支撑成果数量	该年度总体项目平均成果推广单位数量	该年度总体项目通过率	该年度总体项目优秀率	该年度总体项目装备体系建设贡献率
2012	0.47	0.28	0.99	0.49	0.31	0.13	2900	1200	0.85	0.15	中低 2
2013	0.5	0.3	1	0.5	0.32	0.136	2900	1340	0.82	0.144	中 3
2014	0.51	0.26	0.94	0.46	0.29	0.139	3000	1400	0.822	0.149	中 3

续表

项目申请年度	该年度重点项目占比	该年度重点项目总经费占比	该年度重点项目平均内容完成率	该年度重点项目平均外协经费比例	该年度重点项目平均经费执行率	该年度重点项目平均成果转化率	该年度总体项目支撑成果数量	该年度总体项目平均成果推广单位数量	该年度总体项目通过率	该年度总体项目优秀率	该年度总体项目装备体系建设贡献率
2015	0.56	0.3	0.978	0.476	0.28	0.14	3400	1700	0.81	0.138	中高 4
2016	0.55	0.29	0.955	0.468	0.289	0.138	3300	1630	0.805	0.145	中高 4
2017	0.49	0.25	0.95	0.45	0.3	0.11	3000	1300	0.818	0.146	中 3
2018	0.6	0.32	0.97	0.46	0.3	0.2	4200	2000	0.795	0.14	高 5
2019	0.5	0.27	0.98	0.48	0.29	0.135	3111	1400	0.81	0.147	中 3
2020	0.65	0.3	0.87	0.4	0.29	0.19	4000	2400	0.75	0.145	高 5
2021	0.3	0.25	1	0.5	0.33	0.13	2400	1200	0.9	0.15	中低 2
2022	0.59	0.3	0.95	0.47	0.3	0.15	3600	1800	0.8	0.1425	中高 4

3. 因果关系识别

采用 DAG（有向无环图）完备性检验和 D-分离均通过因果关系识别，采用 Do 演算识别因果关系如表 6-9 所示，其中 0 表示没有因果关系，1 表示有因果关系。

表 6-9 "调整重点项目占比"采用 Do 演算识别关系结果

项目	1	2	3	4	5	6	7	8	9	10	11
1	0	0	0	0	0	0	1	1	0	0	1
2	0	0	0	0	0	0	1	1	0	0	1
3	0	0	0	0	0	0	1	1	0	0	1
4	0	0	0	0	0	0	1	1	1	0	1
5	0	0	0	0	0	0	1	1	1	0	1
6	0	0	0	0	0	0	1	1	0	0	1
7	0	0	0	0	0	0	0	0	0	0	0
8	0	0	0	0	0	0	0	0	0	0	0
9	0	0	0	0	0	0	0	0	0	0	0
10	0	0	0	0	0	0	0	0	0	0	1
11	0	0	0	0	0	0	0	0	0	0	0

注意：表中年度重点项目占比、年度重点项目经费占比、年度重点项目

平均内容完成率、年度重点项目平均外协经费比例、年度重点项目平均经费执行率、年度总体项目成果转化率、年度总体项目支撑成果数量、年度总体项目平均成果推广单位数量、年度总体项目通过率、年度总体项目优秀率、年度总体项目装备体系建设贡献率按顺序采用数字 1～11 替代。

识别因果关系后更新因果图如图 6-13 所示，然后选择与"年度重点项目占比"相关的因果链，如图 6-14 所示。

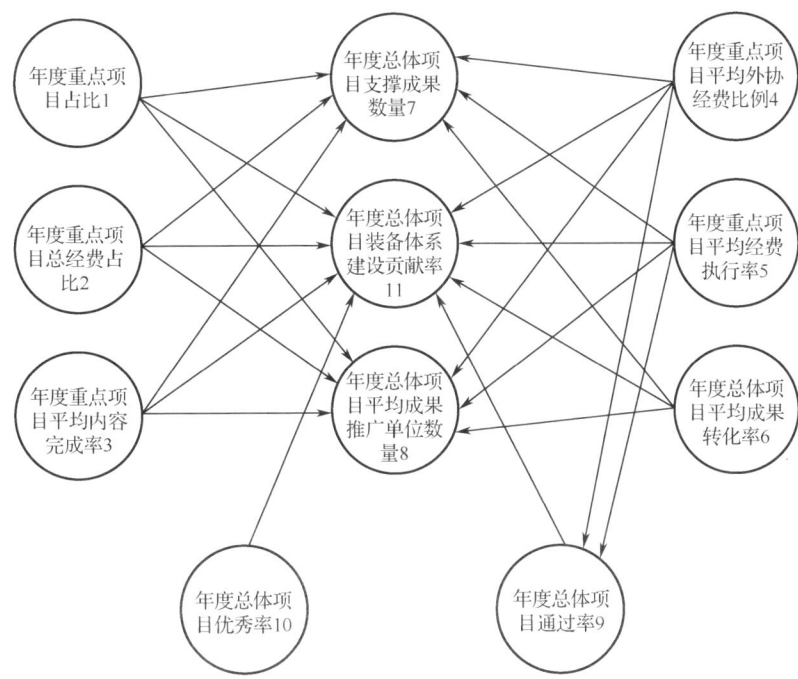

图 6-13 "调整重点项目占比"因果识别后更新的因果图

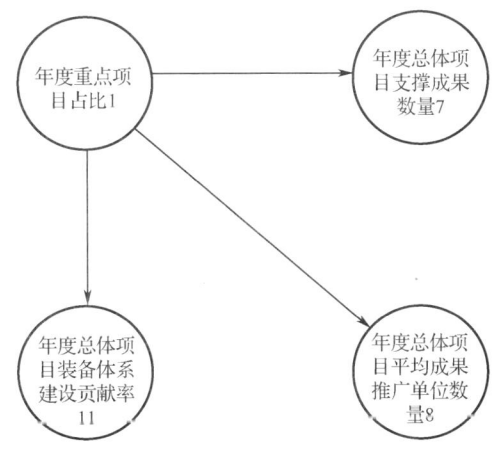

图 6-14 "调整重点项目占比"相关因果图

4. 因果关系评估

根据采集的数据情况，三对因果变量之间的相关性不高，因此采用两层线性回归进行因果关系的评估，计算结果统计如表 6-10 所示，其中因果效应值的取值范围为[-1,1]，因果效应值越接近-1（因果效应值为负表示反向作用）或者 1（因果效应值为负表示正向作用）表示因果变量之间的关系越显著，接近 0 表示因果关系越微弱。P 值是因果效应计算结果的检验，P 值理论值应该小于 0.05，P 值越小表示因果效应的结果越可信。

从计算结果可以看到，3 对因果变量之间的因果效应值均接近+1，且 P 值检验值均远小于 0.05。因此，分析可知年度重点项目占比与年度总体项目装备体系建设贡献率、年度总体项目支撑成果数量、年度总体项目平均成果推广单位数量 3 个果变量之间均是正向的强因果关系。

表 6-10 "调整重点项目占比"因果效应评估

因 变 量	果 变 量	因果效应值	P 值
年度重点项目占比	年度总体项目装备体系建设贡献率	1	0.00038547
年度重点项目占比	年度总体项目支撑成果数量	1	0.00014860
年度重点项目占比	年度总体项目平均成果推广单位数量	0.99	0.00167145

5. 反事实推断分析

针对因果效应评估结果，开展反事实推断分析验证，采用添加随机混杂因子、安慰剂干预以及数据子集验证分别进行反事实推断验证，结果整理如下：

（1）添加随机混杂因子。如果反事实推断的假设正确，则添加随机的混杂因子后，因果效应不会变化太多，结果显示三个因果关系全部通过反事实推断，如表 6-11 所示。

表 6-11 "调整重点项目占比"添加随机混杂因子分析结果

因 变 量	果 变 量	初始因果效应值	反事实验证因果效应值	是否通过验证
年度重点项目占比	年度总体项目装备体系建设贡献率	1	1	是
年度重点项目占比	年度总体项目支撑成果数量	1	1	是
年度重点项目占比	年度总体项目平均成果推广单位数量	0.99	0.989	是

（2）安慰剂干预。将干预替换为随机变量，如果反事实推断的假设正确，新的因果效应应该接近0，结果显示全部通过反事实推断，如表6-12所示。

表6-12 "调整重点项目占比"安慰剂干预分析结果

因 变 量	果 变 量	初始因果效应值	反事实验证因果效应值	是否通过验证
年度重点项目占比	年度总体项目装备体系建设贡献率	1	0	是
年度重点项目占比	年度总体项目支撑成果数量	1	0	是
年度重点项目占比	年度总体项目平均成果推广单位数量	0.99	0	是

（3）数据子集验证。在数据子集上估计因果效应，如果反事实推断的假设正确，因果效应应该变化不大，结果显示全部通过反事实推断，如表6-13所示。

表6-13 "调整重点项目占比"数据子集验证分析结果

因 变 量	果 变 量	初始因果效应值	反事实验证因果效应值	是否通过验证
年度重点项目占比	年度总体项目装备体系建设贡献率	1	1	是
年度重点项目占比	年度总体项目支撑成果数量	1	1	是
年度重点项目占比	年度总体项目平均成果推广单位数量	0.99	1	是

6．分析结果展示

（1）因果路径展示。因果关系路径及因果效应展示结果如图6-15所示。

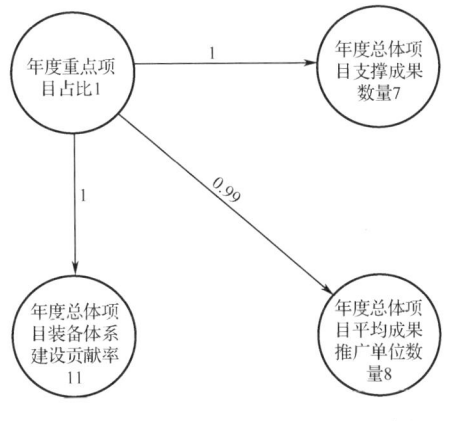

图6-15 "调整重点项目占比"因果路径图

（2）因果变量决策树展示。

因果变量决策树分别如图 6-16～图 6-18 所示，从决策树分析可得，重点项目比例应当在 55% 以上，才能获得最佳的措施效果。

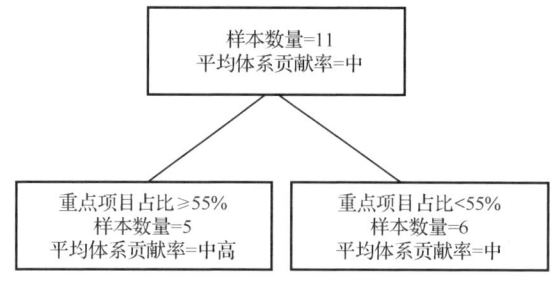

图 6-16 "调整重点项目占比"因果决策树（1）

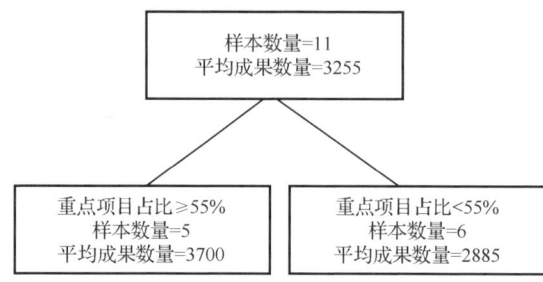

图 6-17 "调整重点项目占比"因果决策树（2）

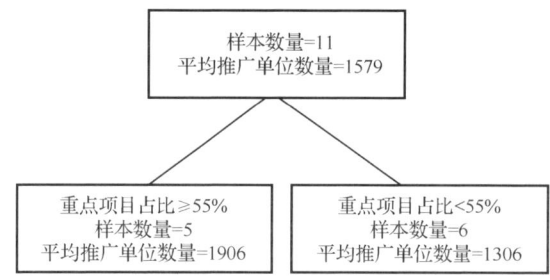

图 6-18 "调整重点项目占比"因果决策树（3）

（3）分析结论。

① 通过因果关系路径图可知，年度重点项目的占比对年度总体项目装备体系建设贡献率、年度总体项目支撑成果数量、年度总体项目平均成果推广单位数量都具有显著的因果效应，说明重点项目的研究目标就是直接面向装备体系的建设发展需求而设立的，而且由于重点项目更容易获得优秀，因此相关的科研团队也更加重视，更加关注项目成果的产出以及推广情况。

② 由于重点项目能够获得更多的经费，存在较为激烈的竞争，因此能

够获得重点项目的科研团队的实力往往更强,科研团队的实力强,才是成果产出多、质量好的保证,才能对装备体系建设有更加积极的作用。

③ 通过因果变量决策树的结果可知,重点项目的比例 55%是一个最优的阈值:低于 55%,则年度总体项目装备体系建设平均贡献率、年度总体项目支撑平均成果数量、年度总体项目平均成果推广单位数量都会出现较明显的下降;高于或者等于 55%,则上述指标会出现明显的上升。因此每年立项时,在条件允许的前提下,尽可能保证重点项目的比例不要低于 55%。

7. 新老条款对比

老条款未设定重点项目比例要求,此处以 2021 年前平均重点项目比例为小于 51.3%,新条款中要求重点项目比例不少于 60%为例,进行新老条款对比分析,结果如图 6-19 所示。可以看出,在设定了重点项目比例不少于 60%后,平均体系贡献率上升了两个类别等级,平均成果数量提升了 42%,平均推广单位数量提升了 68%,说明新条款设定重点项目比例要求是十分必要的。

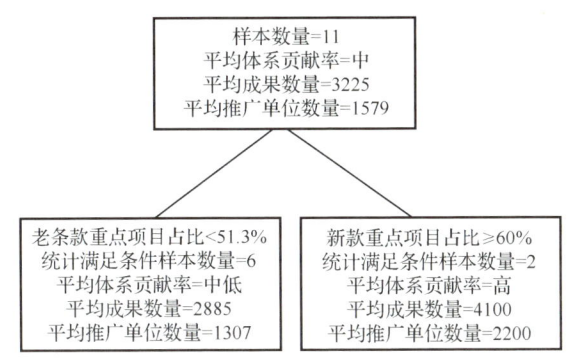

图 6-19 "调整重点项目占比"新老条款对比

6.3.2 "调整负责人年度项目总数上限"与关注效果之间的因果关系分析

负责人年度项目总数上限是指同一负责人在一年中能够同时承担的项目数量。从工时分配角度来说,单个负责人的工时是固定的,同时负责项目数量增加可能会导致项目的完成效果下降;但从个人能力角度来说,某些负责人的项目管理和实施经验丰富,即使同时承担多个项目会带来效果下降,最终的项目效果也会比经验欠缺的负责人完成效果要好。因此,需要借助科研管理制度建模分析方法和项目历史数据来对该措施的调整效果进行定量分析。

1. 因果关系草图绘制

根据调整负责人年度项目总数上限这个措施，选取 12 个因果变量，分别为负责人同时负责项目数量、项目平均外协经费比例、自主安排项目占比、负责人的专业能力水平、项目平均内容完成率、项目平均支撑成果数量、项目平均成果转化率、项目通过率、项目优秀率、项目延期率、年度计划完成率、项目对装备体系建设贡献率。绘制因果草图如图 6-20 所示。

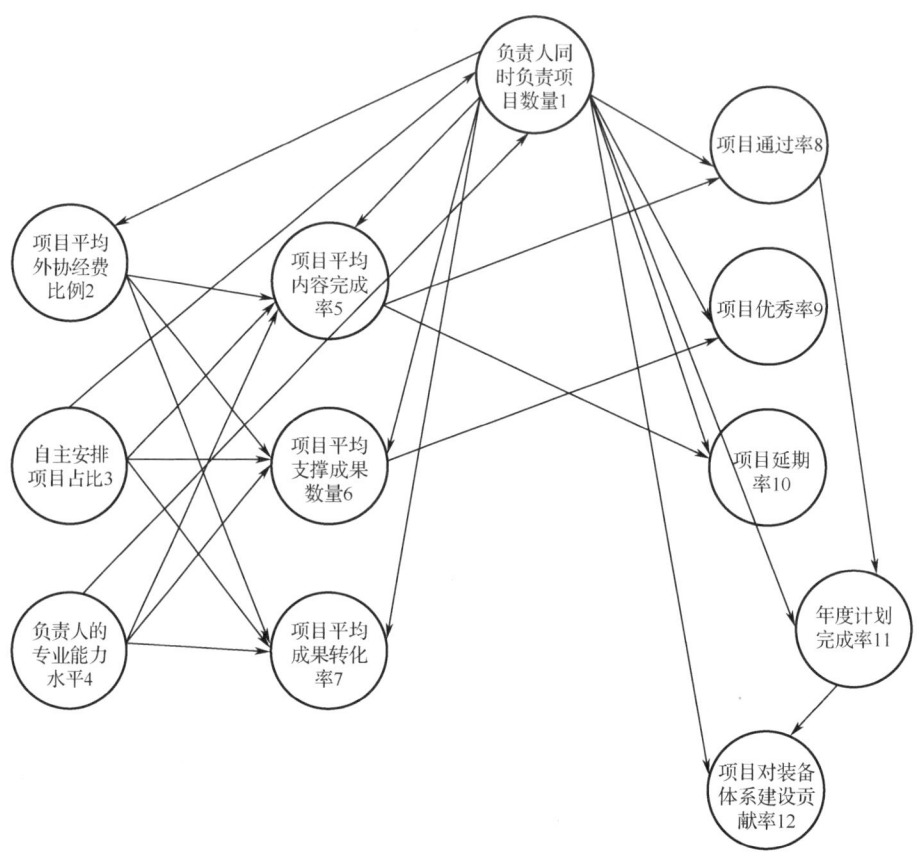

图 6-20 "调整负责人年度项目总数上限"措施因果草图

2. 数据采集

依据因果变量数据映射研究成果，结合因果草图构建结果，生成因果推断数据集采集表，采集表格模板如表 6-14 所示。

表 6-14 "调整负责人年度项目总数上限"采集数据表头

年度	该年度结题项目负责人情况（占比情况）	项目中自主安排项目占比	负责人平均能力评价	项目中平均外协经费比例	项目中平均内容完成率	项目中平均支撑成果数量	项目中平均成果转化率	项目的通过率	项目的优秀率	项目的延期率	项目对装备体系建设贡献率	年度计划完成率
××××	1个											
	2个											
	3个											
	4个											

由科研项目管理专家或相关业务人员根据表 6-14 所示的表头，根据实际项目管理过程数据进行人工填报，生成如表 6-15 所示的采集数据。

表 6-15 "调整负责人年度项目总数上限"采集数据示例

年度	该年度结题项目负责人情况（占比情况）	项目中自主安排项目占比	负责人中专业咨询组成员占比	项目中平均外协经费比例	项目中平均内容完成率	项目中平均支撑成果数量	项目中平均成果转化率	项目的通过率	项目的优秀率	项目的延期率	项目对装备体系建设贡献率	年度计划完成率
2012	1个	0.2	0.2	0.05	0.2	0.8	7	0.4	0.9	0.02	0.05	低	1
	2个	0.48	0.65	0.5	0.25	0.9	4	0.3	0.7	0.2	0.01	中	1
	3个	0.3	0.9	0.7	0.3	0.7	5	0.2	0.5	0.15	0.1	中低	1
	4个	0.02	1	0.8	0.4	0.6	2	0.15	0.3	0.05	0.2	中高	1
2013	1个	0.1	0.2	0.05	0.2	0.8	7	0.4	0.9	0.02	0.05	低	1
	2个	0.58	0.65	0.5	0.25	0.9	6	0.3	0.7	0.2	0.01	中	1
	3个	0.2	0.9	0.7	0.3	0.7	4	0.2	0.5	0.15	0.1	中低	1
	4个	0.12	1	0.8	0.4	0.6	3	0.15	0.3	0.05	0.2	中高	1
2014	1个	0.2	0.2	0.05	0.2	0.8	7	0.4	0.9	0.02	0.05	低	1
	2个	0.48	0.65	0.5	0.25	0.9	4	0.3	0.7	0.2	0.01	中	1
	3个	0.3	0.9	0.7	0.3	0.7	4	0.2	0.5	0.15	0.1	中低	1
	4个	0.02	1	0.8	0.4	0.6	3	0.15	0.3	0.05	0.2	中高	1
2015	1个	0.2	0.2	0.05	0.2	0.8	7	0.4	0.9	0.02	0.05	低	1
	2个	0.48	0.65	0.5	0.25	0.9	6	0.3	0.7	0.2	0.01	中	1
	3个	0.3	0.9	0.7	0.3	0.7	4	0.2	0.5	0.15	0.1	中低	1
	4个	0.02	1	0.8	0.4	0.6	2	0.15	0.3	0.05	0.2	中高	1

续表

年度	该年度结题项目负责人情况（占比情况）	项目中自主安排项目占比	负责人中专业咨询组成员占比	项目中平均外协经费比例	项目中平均内容完成率	项目中平均支撑成果数量	项目中平均成果转化率	项目的通过率	项目的优秀率	项目的延期率	项目对装备体系建设贡献率	年度计划完成率
2016	1个	0.2	0.2	0.05	0.2	0.8	8	0.4	0.9	0.02	0.05	低	1
	2个	0.48	0.65	0.5	0.25	0.9	5	0.3	0.7	0.2	0.01	中	1
	3个	0.3	0.9	0.7	0.3	0.7	6	0.2	0.5	0.15	0.1	中低	1
	4个	0.02	1	0.8	0.4	0.6	2	0.15	0.3	0.05	0.2	中高	1
2017	1个	0.2	0.2	0.05	0.2	0.8	6	0.4	0.9	0.02	0.05	低	1
	2个	0.48	0.65	0.5	0.25	0.9	3	0.3	0.7	0.2	0.01	中	1
	3个	0.3	0.9	0.7	0.3	0.7	4	0.2	0.5	0.15	0.1	中低	1
	4个	0.02	1	0.8	0.4	0.6	1	0.15	0.3	0.05	0.2	中高	1
2018	1个	0.2	0.2	0.05	0.2	0.8	10	0.4	0.9	0.02	0.05	低	1
	2个	0.48	0.65	0.5	0.25	0.9	4	0.3	0.7	0.2	0.01	中	1
	3个	0.3	0.9	0.7	0.3	0.7	4	0.2	0.5	0.15	0.1	中低	1
	4个	0.02	1	0.8	0.4	0.6	3	0.15	0.3	0.05	0.2	中高	1
2019	1个	0.2	0.2	0.05	0.2	0.8	7	0.4	0.9	0.02	0.05	低	1
	2个	0.48	0.65	0.5	0.25	0.9	5	0.3	0.7	0.2	0.01	中	1
	3个	0.3	0.8	0.7	0.3	0.7	5	0.2	0.5	0.15	0.1	中低	1
	4个	0.02	1	0.8	0.4	0.6	1	0.15	0.3	0.05	0.2	中高	1
2020	1个	0.2	0.2	0.05	0.2	0.8	5	0.4	0.9	0.02	0.05	低	1
	2个	0.48	0.65	0.5	0.25	0.9	3	0.3	0.7	0.2	0.01	中	1
	3个	0.3	0.9	0.7	0.3	0.7	4	0.2	0.5	0.15	0.1	中低	1
	4个	0.02	1	0.8	0.4	0.6	1	0.15	0.3	0.05	0.2	中高	1
2021	1个	0.2	0.2	0.05	0.2	0.8	6	0.4	0.9	0.02	0.05	低	1
	2个	0.48	0.65	0.5	0.25	0.9	4	0.3	0.7	0.2	0.01	中	1
	3个	0.3	0.9	0.7	0.3	0.7	5	0.2	0.5	0.15	0.1	中低	1
	4个	0.02	1	0.8	0.4	0.6	1	0.15	0.3	0.05	0.2	中高	1
2022	1个	0.2	0.2	0.05	0.2	0.8	9	0.4	0.9	0.02	0.05	低	1
	2个	0.48	0.65	0.5	0.25	0.9	4	0.3	0.7	0.2	0.01	中	1
	3个	0.3	0.9	0.7	0.3	0.7	5	0.2	0.5	0.15	0.1	中低	1
	4个	0.02	1	0.8	0.4	0.6	2	0.15	0.3	0.05	0.2	中高	1

3. 因果关系识别

采用 DAG（有向无环图）完备性检验和 D-分离均通过因果关系识别，采用 Do 演算识别因果关系如表 6-16 所示，其中 0 表示没有因果关系，1 表示有因果关系。

表 6-16 "调整负责人年度项目总数上限"采用 Do 演算识别关系结果

项目	1	2	3	4	5	6	7	8	9	10	11	12
1	0	0	1	1	1	0	0	0	0	0	0	0
2	0	0	0	0	0	0	0	0	0	0	0	0
3	0	0	0	0	1	1	0	0	0	0	0	0
4	0	0	1	0	0	0	0	0	1	0	0	1
5	0	0	0	0	0	0	0	1	0	0	0	0
6	0	0	0	0	0	0	1	0	1	0	0	0
7	0	0	0	0	0	0	0	0	1	0	0	1
8	0	0	0	0	0	0	0	0	0	0	0	0
9	0	0	0	0	0	0	0	0	0	0	0	1
10	0	0	0	0	0	0	0	0	0	0	0	0
11	0	0	0	0	0	0	0	0	0	0	0	0
12	0	0	0	0	0	0	0	0	0	0	0	0

注意：表中负责人年度项目总数上限这个措施，初步共选取因果变量 12 个，分别为负责人同时负责项目数量、项目平均外协经费比例、自主安排项目占比、负责人的专业能力水平、项目平均内容完成率、项目平均支撑成果数量、项目平均成果转化率、项目通过率、项目优秀率、项目延期率、年度计划完成率、项目对装备体系建设贡献率，按顺序采用数字 1～12 替代。

识别因果关系后更新因果图如图 6-21 所示。

4. 因果关系评估

根据采集的数据情况，因果变量之间偏倚和混杂变量较多，因此采用倾向得分匹配进行因果关系的评估，计算结果统计如表 6-17 所示。其中因果效应值的取值范围为[-1,1]，因果效应值越接近-1（因果效应值为负表示反向作用）或者 1（因果效应值为负表示正向作用）表示因果变量之间的关系越显著，接近 0 表示因果关系越微弱。P 值是因果效应计算结果的检验，P 值理论值应该小于 0.05，P 值越小表示因果效应的结果越可信。

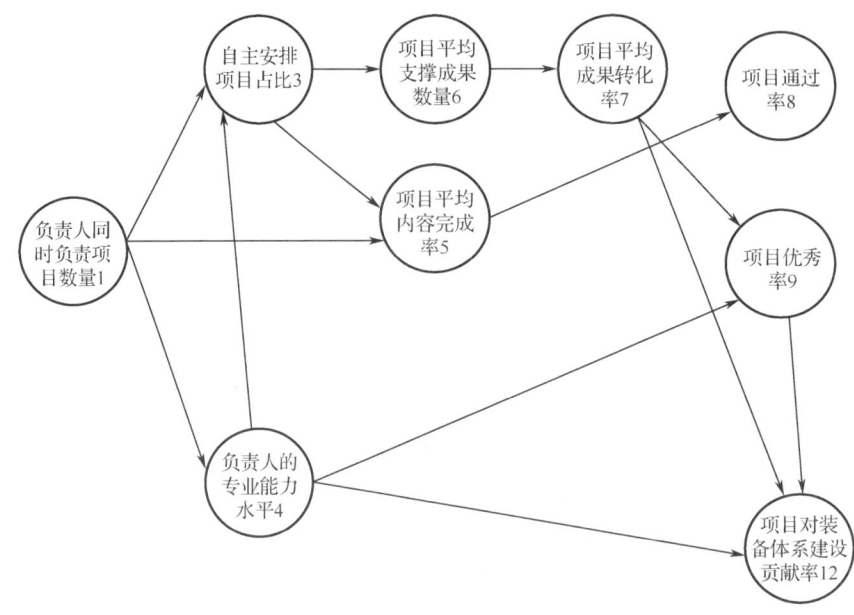

图 6-21 "调整负责人年度项目总数上限"因果识别后更新的因果图

表 6-17 "调整负责人年度项目总数上限"因果效应评估

因 变 量	果 变 量	因果效应值	P 值
负责人同时负责项目数量 1	自主安排项目占比 3	-0.8789	0.04
负责人同时负责项目数量 1	负责人的专业能力水平 4	1	0.009
负责人同时负责项目数量 1	年项目平均内容完成率 5	-0.656	0.02
自主安排项目占比 3	项目平均支撑成果数量 6	-0.773	0.001
自主安排项目占比 3	项目平均内容完成率 5	0.8989	0.0154
负责人的专业能力水平 4	自主安排项目占比 3	-0.935	0.008
负责人的专业能力水平 4	项目优秀率 9	0.81	0.03
负责人的专业能力水平 4	项目对装备体系建设贡献率 12	0.86	0.039
项目平均内容完成率 5	项目通过率 8	0.98	0.0002
项目平均支撑成果数量 6	项目平均成果转化率 7	0.76	0.028
项目平均成果转化率 7	项目优秀率 9	0.899	0.019
项目平均成果转化率 7	项目对装备体系建设贡献率 12	0.955	0.0001
项目优秀率 9	项目对装备体系建设贡献率 12	0.65	0.003

5. 反事实推断分析

针对因果效应评估结果,开展反事实推断分析验证。采用添加随机混杂因子、安慰剂干预以及数据子集验证分别进行反事实推断验证,整理结果如下：

（1）添加随机混杂因子。如果反事实推断的假设正确，则添加随机的混杂因子后，因果效应不会变化太多，结果显示全部通过反事实推断，如表6-18所示。

表6-18 "调整负责人年度项目总数上限"添加随机混杂因子分析结果

因 变 量	果 变 量	初始因果效应值	反事实验证因果效应值	是否通过验证
负责人同时负责项目数量1	自主安排项目占比3	−0.879	−0.92	是
负责人同时负责项目数量1	负责人的专业能力水平4	1	1	是
负责人同时负责项目数量1	年项目平均内容完成率5	−0.656	−0.704	是
自主安排项目占比3	项目平均支撑成果数量6	−0.773	−0.757	是
自主安排项目占比3	项目平均内容完成率5	0.9	0.95	是
负责人的专业能力水平4	自主安排项目占比3	−0.935	−0.899	是
负责人的专业能力水平4	项目优秀率9	0.81	0.83	是
负责人的专业能力水平4	项目对装备体系建设贡献率12	0.86	0.86	是
项目平均内容完成率5	项目通过率8	0.98	1	是
项目平均支撑成果数量6	项目平均成果转化率7	0.76	0.74	是
项目平均成果转化率7	项目优秀率9	0.899	0.932	是
项目平均成果转化率7	项目对装备体系建设贡献率12	0.955	0.9	是
项目优秀率9	项目对装备体系建设贡献率12	0.65	0.7	是

（2）安慰剂干预。将干预替换为随机变量，如果反事实推断的假设正确，新的因果效应应该接近0，结果显示全部通过反事实推断，如表6-19所示。

表 6-19 "调整负责人年度项目总数上限"安慰剂干预分析结果

因变量	果变量	初始因果效应值	反事实验证因果效应值	是否通过验证
负责人同时负责项目数量 1	自主安排项目占比 3	-0.879	0.01	是
负责人同时负责项目数量 1	负责人的专业能力水平 4	1	0	是
负责人同时负责项目数量 1	年项目平均内容完成率 5	-0.656	0.1	是
自主安排项目占比 3	项目平均支撑成果数量 6	-0.773	0.15	是
自主安排项目占比 3	项目平均内容完成率 5	0.9	0	是
负责人的专业能力水平 4	自主安排项目占比 3	-0.935	0	是
负责人的专业能力水平 4	项目优秀率 9	0.81	0.0038	是
负责人的专业能力水平 4	项目对装备体系建设贡献率 12	0.86	0.0004	是
项目平均内容完成率 5	项目通过率 8	0.98	0	是
项目平均支撑成果数量 6	项目平均成果转化率 7	0.76	0.03	是
项目平均成果转化率 7	项目优秀率 9	0.899	0.0026	是
项目平均成果转化率 7	项目对装备体系建设贡献率 12	0.955	0	是
项目优秀率 9	项目对装备体系建设贡献率 12	0.65	0.05	是

（3）数据子集验证。在数据子集上估计因果效应，如果反事实推断的假设正确，因果效应应该变化不大，结果显示全部通过反事实推断，如表 6-20 所示。

表 6-20 "调整负责人年度项目总数上限"数据子集验证分析结果

因变量	果变量	初始因果效应值	反事实验证因果效应值	是否通过验证
负责人同时负责项目数量 1	自主安排项目占比 3	-0.879	-0.8	是
负责人同时负责项目数量 1	负责人的专业能力水平 4	1	1	是
负责人同时负责项目数量 1	年项目平均内容完成率 5	-0.656	-0.7	是
自主安排项目占比 3	项目平均支撑成果数量 6	-0.773	-0.77	是
自主安排项目占比 3	项目平均内容完成率 5	0.9	0.94	是
负责人的专业能力水平 4	自主安排项目占比 3	-0.935	-0.9	是
负责人的专业能力水平 4	项目优秀率 9	0.81	0.798	是
负责人的专业能力水平 4	项目对装备体系建设贡献率 12	0.86	0.874	是
项目平均内容完成率 5	项目通过率 8	0.98	1	是

续表

因 变 量	果 变 量	初始因果效应值	反事实验证因果效应值	是否通过验证
项目平均支撑成果数量6	项目平均成果转化率7	0.76	0.746	是
项目平均成果转化率7	项目优秀率9	0.899	0.915	是
项目平均成果转化率7	项目对装备体系建设贡献率12	0.955	1	是
项目优秀率9	项目对装备体系建设贡献率12	0.65	0.66	是

6．分析结果展示

（1）因果路径图展示。因果关系路径如图 6-22 所示，由于该因果关系路径图较为复杂，因此将关于初始因变量"负责人同时负责项目数量"与最终果变量"项目通过率""项目优秀率"和"项目对装备体系建设贡献率"的因果链按如表 6-21 所示。

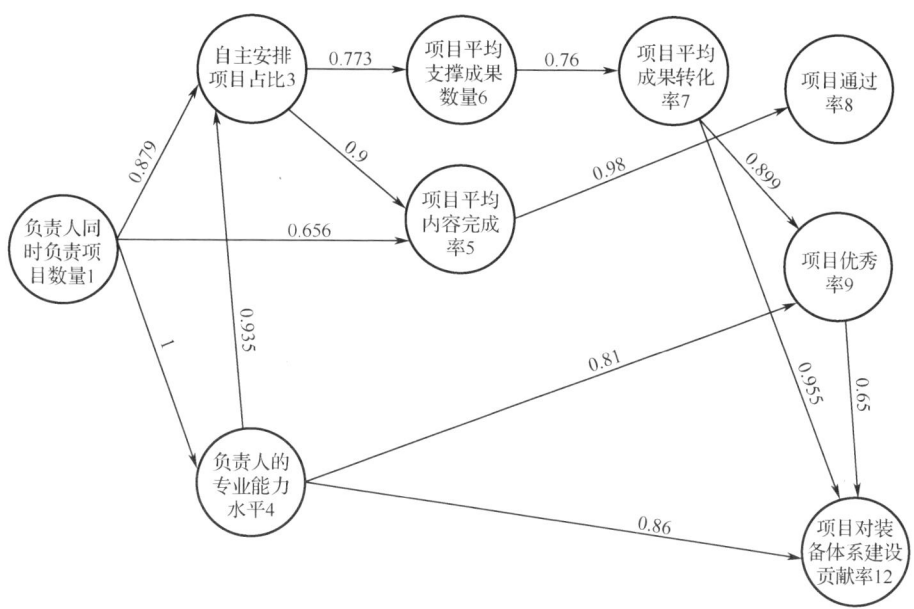

图 6-22 "调整负责人年度项目总数上限"因果路径图

表 6-21 "调整负责人年度项目总数上限"因果链

初始因变量	最终果变量	因 果 链	影 响
负责人同时负责项目数量1	项目通过率9	负责人同时负责项目数量→项目平均内容完成率→项目通过率	负
		负责人同时负责项目数量→自主安排项目占比→项目平均内容完成率→项目通过率	负

续表

初始因变量	最终果变量	因 果 链	影 响
负责人同时负责项目数量1	项目优秀率9	负责人同时负责项目数量→自主安排项目占比→项目平均支撑成果数量→项目平均成果转化率→项目优秀率	正
		负责人同时负责项目数量→负责人的专业能力水平→自主安排项目占比→项目平均支撑成果数量→项目平均成果转化率→项目优秀率	正
		负责人同时负责项目数量→负责人的专业能力水平→项目优秀率	正
负责人同时负责项目数量1	项目对装备体系建设贡献率12	负责人同时负责项目数量→负责人的专业能力水平→项目对装备体系建设贡献率	正
		负责人同时负责项目数量→自主安排项目占比→项目平均支撑成果数量→项目平均成果转化率→项目优秀率→项目对装备体系建设贡献率	正
		负责人同时负责项目数量→负责人的专业能力水平→自主安排项目占比→项目平均支撑成果数量→项目平均成果转化率→项目优秀率→项目对装备体系建设贡献率	正
		负责人同时负责项目数量→自主安排项目占比→项目平均支撑成果数量→项目平均成果转化率→项目对装备体系建设贡献率	正
		负责人同时负责项目数量→负责人的专业能力水平→自主安排项目占比→项目平均支撑成果数量→项目平均成果转化率→项目对装备体系建设贡献率	正

（2）因果变量决策树展示。因果变量决策树分别如图6-23～图6-25所示，结果显示负责人同时负责项目数量不应超过2个。

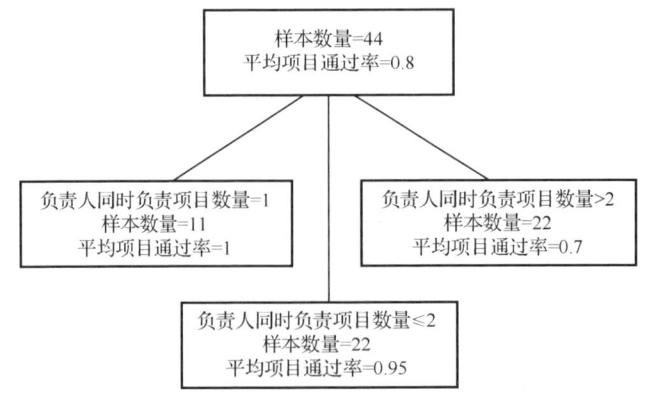

图6-23 "调整负责人年度项目总数上限"因果变量决策树（1）

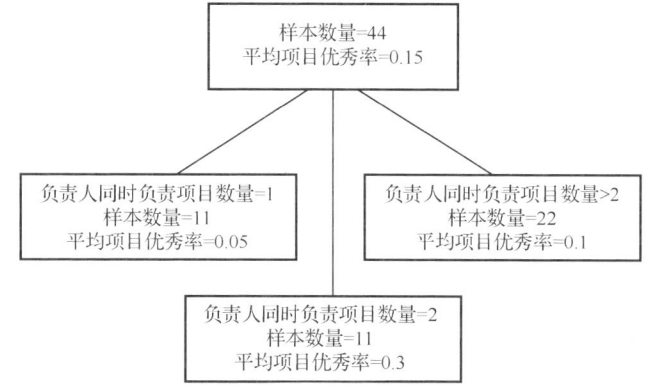

图 6-24 "调整负责人年度项目总数上限"因果变量决策树（2）

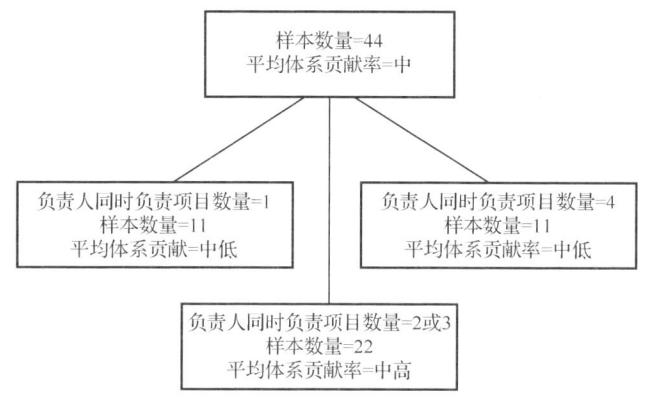

图 6-25 "调整负责人年度项目总数上限"因果变量决策树（3）

（3）分析结论。

① 通过因果路径图中的因果链可知，对于"项目通过率"这个果变量，"项目平均内容完成率"是关键的变量。通过因果路径图可知，不断增加负责人所负责项目个数，则他负责的更多为自主安排项目，而且项目的内容完成率也变低。这从侧面说明了自主安排项目的研究内容相比重点项目更少，难度更小，"自主安排项目占比"少才能保证项目的内容完成率，保证项目通过。如果负责人负责更多的重点项目，由于个人精力有限，难以保证项目的内容完成率，也就无法保证项目的通过率。因此如果要提高年度项目的通过率，必须要降低个人承担项目的个数和个人承担重点项目的数量。

② 通过因果路径图中的因果链可知，"负责人的专业能力水平"和"自主安排项目占比"在表因果链中出现的次数位居所有变量前两位，即这两个变量对于"调整负责人年度项目总数上限"建模是关键的变量，作为中介变

量，这两个变量对项目优秀率和体系贡献率的影响很大。当负责项目为自主安排项目时，项目获得优秀的概率较低，且体系贡献率不高；反之，则项目获得优秀的概率较高，且体系贡献率较高。当负责人能力评价高时，项目获得优秀的概率较高，且体系贡献率较高；反之，则项目获得优秀的概率较低，且体系贡献率不高。这从侧面说明了自主安排项目设立的目标不是重点面向装备体系建设的，研究内容和研究难度决定了自主安排项目在优秀项目竞争中缺乏实力；此外也说明了负责人能力评价高，才能获评为专家组成员，进而活跃在相关领域的科研活动中，更容易获得更多的信息量，对于装备体系建设的需求也更为了解，因此申请重点项目也更容易获批。因此如果要提高年度项目的质量以及项目对装备体系建设贡献率，必须保证能力评价高的负责人获批更多的重点项目。

③ 从因果变量决策树分析可得，负责人同时负责项目数量为 1 时，项目的通过率最高，但是项目的优秀率和体系贡献率最低；负责人同时负责项目数量为 2 时，虽然项目通过率有所下降，但是项目优秀率和体系贡献率最高；负责人同时负责项目数量大于 2 时，项目通过率、项目优秀率和体系贡献率均出现明显降低。因此，负责人同时负责的项目数量最好不要超过 2 个，如果负责人同时负责项目数量必须要突破 2 个限制时，考虑到项目通过率下降的问题，要格外关注该负责人，并且，该负责人所负责的项目中最好要有重点项目，且负责人的能力评价必须为"高"等级。

7. 新老条款对比

新老条款的因果路径图对比展示如图 6-26 所示。老条款中由于没有考虑到负责人的能力评价，五对因果关系的效应值与新条款出现了差别，控制变量"负责人的专业能力水平"，导致因果对"负责人同时负责项目数量→自主安排项目占比""自主安排项目占比→项目平均支撑成果数量""项目平均支撑成果数量→项目平均成果转化率"的因果效应值均降低了；而"项目平均成果转化率→项目优秀率""项目平均成果转化率→项目对装备体系建设贡献率"的因果效应值均升高了。这说明"负责人的专业能力水平"这个中间变量的重要性，是调节项目支撑成果、项目转化率、项目优秀率、装备体系贡献率的关键变量。

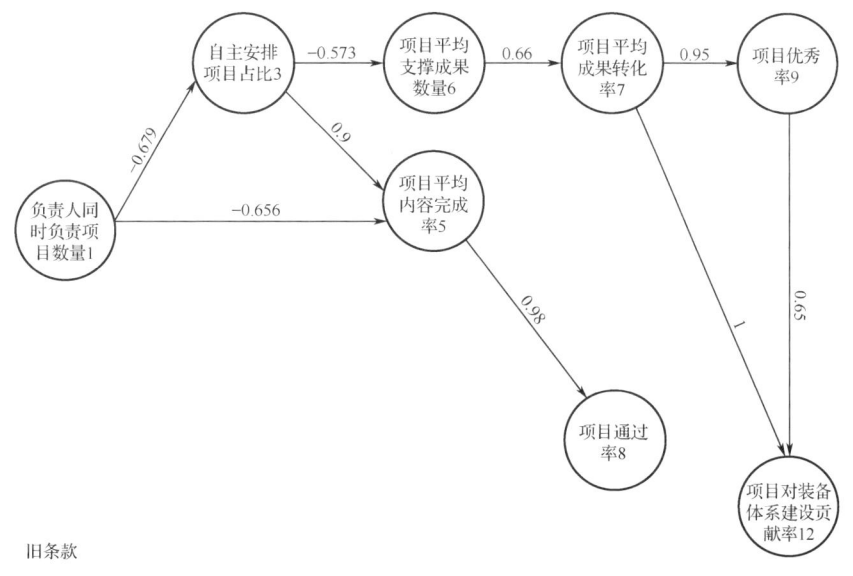

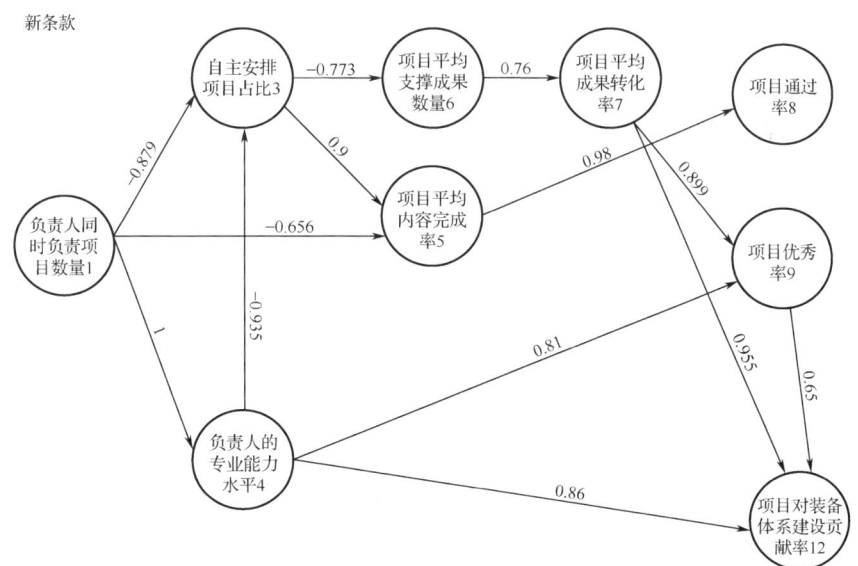

图 6-26 "调整负责人年度项目总数上限"新老条款因果路径图对比

此外,老条款的调整负责人年度项目总数上限是 1,新条款的上限是 2,进行新老条款对比分析,结果如图 6-27 所示。可以看出,在新条款中调整负责人年度项目总数上限为 2 后,虽然平均项目通过率降低了 5%,但是平均项目优秀率提高了 250%,体系贡献率上升了两个类别等级,因此新条款适当提高负责人年度项目总数上限是十分必要的。

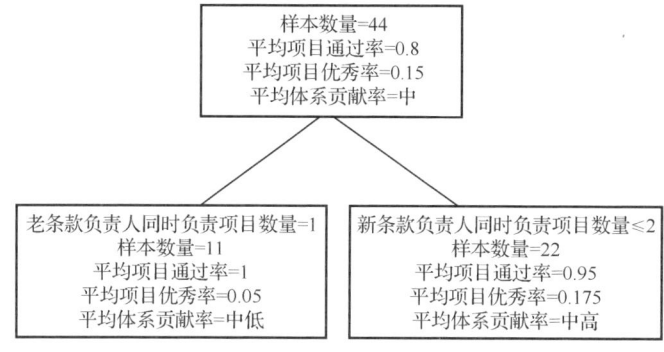

图 6-27 "调整负责人年度项目总数上限"新老条款对比

综上，从建模分析的结果可以看出，该工业装备制造论证研究管理制度的新老条款实施效果有明显区别，新条款在项目验收把关的严格程度（平均项目通过率降低）、平均项目优秀率、平均体系贡献率等方面都有显著提升，证明了因果推断法能够对科研管理制度的可行性、有效性进行全面评估，为制度的优化设计提供有力的科学依据。相信未来随着大数据、机器学习等技术的发展，因果推断方法还会不断创新，在科研管理制度建模分析中发挥更大的价值。

除了支撑科研管理制度建模分析，因果推断法还可以被推广到科研计划评估、资源分配、项目实施过程中去，为合理编制科研计划、促进科研资源优化配置、提高科研项目全寿命管理水平发挥重要的作用。期待研究人员在理论与方法层面展开进一步探索，也期待科研管理人员在实际工作中积极实践、积累更多经验，共同推动因果推断法在科研管理领域的深度应用与创新发展。

参 考 文 献

[1] Altman N, Krzywinski M. Points of Significance: Association, Correlation and Causation[J]. Nature Methods, 2015, 12(10): 899-900.

[2] Athey S, Imbens G W. Machine Learning Methods for Estimating Heterogeneous Causal Effects[J]. Statistics, 2015, 1050(5): 1-26.

[3] Blumberg C J. Causal Inference for Statistics, Social, and Biomedical Sciences[J]. International Statistical Review, 2016, 84(1): 159.

[4] Kalisch M, Eth Z, Martin M. Causal Inference Using Graphical Models with the R Package pcalg[J]. Journal of Statistical Software, 2012, 47(11): 1-26.

[5] Pearl J. Causality: Models, Reasoning and Inference[M]. Cambridge University Press, 2000.

[6] Rosenbaum P R, Rubin D B. The Central Role of the Propensity Score in Observational Studies for Causal Effects[J]. Biometrika, 1983, 70(1): 41-55.

[7] Rubin D B. Estimating Causal Effects of Treatments in Randomized and Nonrandomized Studies[J]. Journal of Educational Psychology, 1974, 66(5): 688-701.

[8] Sekhon J S. Opiates for the Matches: Matching Methods for Causal Inference[J].Annual Review of Political Science, 2009, 12(12): 487-508.

[9] Stephen M, Christopher W. Counterfactuals and Causal Inference: Methods and Principles for Social Research[M]. Cambridge: Cambridge University Press, 2007.

[10] 阿儒涵, 李晓轩. 我国政府科技资源配置的问题分析——基于委托代理理论视角[J]. 科学学研究, 2014, 32(2): 276-281.

[11] 鲍庆森. 深度学习驱动的因果效应评估及因果表征学习研究[D]. 南京: 南京邮电大学, 2023.

[12] 蔡俊, 杨岚, 周亚虹. PSM-DID 在政策评价中的应用现状与改进方法[J]. 管理科学学报, 2024, 27(2): 30-48.

[13] 陈旭东, 沈利芸. 数字赋能、财政支出与基本公共服务供给——基于双重机器学习的因果推断[J]. 管理学刊, 2024, 37(6): 93-109.

[14] 陈瑜, 李广建. 科技政策效果评价及其发展趋势[J]. 图书与情报, 2021, (6): 96-106.

[15] 陈云松. 逻辑、想象和诠释: 工具变量在社会科学因果推断中的应用[J]. 社会学研究, 2012, (6): 192-216, 245-246.

[16] 丁艳梅. 因果推断中的混杂因素及贝叶斯网络[D]. 北京: 北京邮电大学, 2011.

[17] 关鹏, 王曰芬, 傅柱. 基于多 Agent 系统的科研合作网络知识扩散建模与仿真[J]. 情报学报, 2019, 38(5): 512-524.

[18] 何露雪, 林力佳, 郭利. 基于 DID 和 SDID 的科技专项资助与企业科技成果关系研究——以珠三角为例[J]. 科技和产业, 2023, 23(11): 89-97.

[19] 李诚. 我国科技创新制度体系建设成效评价及完善对策[J]. 科技管理研究, 2023, 43(12): 77-84.

[20] 李枫, 吕廷杰, 吕嘉, 等. 基于委托代理理论的高校科研经费管理问题研究[J]. 北京邮电大学学报（社会科学版）, 2015, 17(3): 106-110.

[21] 李敬锁, 赵芝俊. 基于 SEM 模型的农业科技项目过程评价指标体系研究——以国家科技支撑计划项目为例[J]. 农业技术经济, 2016, (10): 95-105.

[22] 廖苏亮, 吴国栋, 段依竺, 等. 科技计划项目创新绩效的系统动力学分析——基于科技监督的视角[J]. 科技管理研究, 2022, 42(20): 163-172.

[23] 凌峰, 陈雨馨, 陈世桥, 等. 科技资源配置驱动广西工业高质量发展——基于系统动力学模型的分析[J]. 科技管理研究, 2024, 44(15): 86-95.

[24] 刘玮辰, 郭俊华, 史冬波. 如何科学评估公共政策？——政策评估中的反事实框架及匹配方法的应用[J]. 公共行政评论, 2021, 14(1): 46-73, 219.

[25] 吕远, 李宁. 科研院所绩效评价及灵敏度分析研究[J]. 科学学研究, 2024, 42(6): 1234-1237.

[26] 马忠贵, 徐晓晗, 刘雪儿. 因果推断三种分析框架及其应用综述[J]. 工程科学学报, 2022, 44(7): 1231-1243.

[27] 米捷, 于海跃, 陈春仔, 等. 2023 年自然资源部科技成果登记统计分析[J/OL]. 自然资源情报, 2024.

[28] 苗欣宇, 程中华, 李思雨, 等. 基于系统动力学的装备科研项目采购绩效评估模型[J]. 军事运筹与系统工程, 2020, 34(3): 33-39, 58.

[29] 齐天. 基于数据包络分析的"十三五"时期我国各类高校科研效率的回顾性研究[J]. 科技管理研究, 2023, 43(6): 114-122.

[30] 祁占勇, 杜越. 教育政策执行的影响评估[J]. 教育研究, 2023, 44(5): 145-156.

[31] 苏明. 重大科技项目高校有组织科研的风险问题——基于委托代理的风险分析框架[J]. 江苏高教, 2023, (7): 38-45.

[32] 田人合, 张志强, 王非, 等. 基于 DID 模型的科技政策创新能力资助效应实证研究——以杰青基金地球科学项目为例[J]. 情报学报, 2018, 37(8): 782-795.

[33] 王成军, 冯涛, 苟敏敏, 等. 基于 SEM 方法的科技新星素质特征对科研成果影响研究[J]. 科技管理研究, 2015, 35(9): 187-190.

[34] 王明明, 贺雅丽, 徐磊. 国家科技计划项目委托代理博弈分析[J]. 科学学与科学技术管理, 2009, 30(2): 34-39.

[35] 王舒鸿, 崔欣, 姚守宇. 统计相关还是真实因果? ——基于"因果推断"的新兴研究范式[J]. 金融与经济, 2018, (8): 21-30.

[36] 王天佐, 周志华. 基于专家知识的主动因果效应辨识[J]. 中国科学: 信息科学, 2023, (12): 2341-2354.

[37] 王颖婕, 柳卸林, 王雪璐, 等. 科研项目学术价值评价及影响因素研究[J]. 科学学研究, 2020, 38(3): 409-417.

[38] 威廉·D. 贝里. 因果关系模型[M]. 上海: 格致出版社, 上海人民出版社, 2011.

[39] 肖争艳, 陈衍, 刘哲希. 居民加杠杆影响消费的异质性效应分析——基于融合机器学习的因果推断方法[J]. 经济学动态, 2023, (12): 26-40.

[40] 杨闽湘, 曾立, 郭韫熙. 基于Agent技术的装备科研投资准入建模与仿真[J]. 军事经济研究, 2013, 34(3): 21-23.

[41] 杨水利, 史童, 王春嬉, 等. 科技成果价值的影响因素——基于投入-产出视角[J]. 科技管理研究, 2018, 38(1): 52-56.

反侵权盗版声明

电子工业出版社依法对本作品享有专有出版权。任何未经权利人书面许可，复制、销售或通过信息网络传播本作品的行为，歪曲、篡改、剽窃本作品的行为，均违反《中华人民共和国著作权法》，其行为人应承担相应的民事责任和行政责任，构成犯罪的，将被依法追究刑事责任。

为了维护市场秩序，保护权利人的合法权益，我社将依法查处和打击侵权盗版的单位和个人。欢迎社会各界人士积极举报侵权盗版行为，本社将奖励举报有功人员，并保证举报人的信息不被泄露。

举报电话：（010）88254396；（010）88258888
传　　真：（010）88254397
E-mail：　dbqq@phei.com.cn
通信地址：北京市海淀区万寿路 173 信箱
　　　　　电子工业出版社总编办公室
邮　　编：100036